再考！都市再生

UFJ総研が提案する都市再生

UFJ総合研究所　国土・地域政策部　編著

風土社

はじめに

二〇〇一年四月、政府は緊急経済対策に基づき、小泉内閣総理大臣を本部長とする都市再生本部を設置し、「二〇世紀の負の遺産の解消」と「二一世紀の新しい都市創造」に向けて、都市再生に取り組み始めた。

都市再生本部は、『都市再生』の意義を「九〇年代以降の低迷している我が国経済を再生するためには、太宗の経済活動が行われ、我が国の活力の源泉でもある『都市』について、その魅力と国際競争力を高め、その再生を実現することが必要である。」としている。このように都市再生本部が示した『都市再生』は、短期的に実効性の高い景気対策や経済対策としての性格が強く、その点では多いに評価できる。

この都市再生本部が設置されてから早一年が経過し、「都市再生プロジェクト」が本格的に始動している。しかしながら、今なお、目標とする「二一世紀の新しい都市」の姿がはっきりとは見えていない。確かに昨今の我が国の経済状況を考えると、即効性のあるプロジェクトは必要だろう。しかし、「二一世紀」というからには少なくとも半世紀以上、持続可能な都市のあり方を示す必要があり、問題解決を対症療法に終わらせてはならない。現在の我が国がおかれている危機的状況は、見方を変えれば、生まれ変わる絶好の機会でもある。この時期だからこそ、本格的な『都市再生』の取り組みが必要なのである。

本年四月一日、三和総合研究所と東海総合研究所が合併してUFJ総合研究所が誕生した。その四ヶ月前の昨年一二月には、旧三和総合研究所（大阪本社）と旧東海総合研究所（名古屋本社）とが共同で、「都市再生に向けた緊急提言～ポリシーミックスによる都市生活空間の再生～」を発表した。この共同研究は、主として関西圏や名古屋圏に焦点を当てた『都市再生』の提言として、価値あるものと自負している。

一方、本書は、東京圏の『都市再生』に焦点を当てたものである。「都市再生プロジェクト」が本格始動するなかで、あえて本書を出版するのは、まさに長期的な視点から『都市再生』を再考する必要性を強く感じているからである。すなわち、本書の〈再考〉の視点とは、短期的な経済対策から、「六〇年の計」としての本格的な東京圏の都市づくりへの軌道修正である。

本書の大きな特徴は、独自の歴史認識に基づき、二〇六五年における東京の「多層型都市構造」を提示したことと、その形成に向けて各層ごとに核となるプロジェクトを示したことにある。そして、その究極の目標は、世界に誇りうる「東京の型」「東京の様式」を確立することにあると考えている。

なお、本書は、UFJ総合研究所東京本社の国土・地域政策部に所属する一二名の研究員が豊富な研究成果をもとに英知を結集した集大成である。混迷深まる我が国で、日本再生、都市再生に関心を持っている読者の方々にとって、必ずや多くの示唆を与えることと確信している。

二〇〇二年四月

株式会社　ＵＦＪ総合研究所
取締役社長　前田　昌宏

再考！都市再生

UFJ総合研究所 国土・地域政策部

Contents

第三章　18の都市再生プロジェクト

第一章

東京と都市再生 東京六〇年の計

国が推進する「都市再生」は、
経済再生など短・中期的な成果を生み出すだろう。
しかし今、強く求められているのは、
これを長期的な都市づくりに結実するよう軌道修正することである。
そこで、東京を対象として、
本来的な「都市再生」のあり方を考えてみたい。

東京と都市再生
東京六〇年の計

丸田　一

1 小泉内閣が推進する都市再生

■都市再生本部の誕生

二〇〇一年四月、小泉首相を本部長とする「都市再生本部」が設置された。

都市再生本部は、小泉内閣が打ち出した緊急経済対策で謳われた「二一世紀型都市再生プロジェクト」を推進する母体組織である。設置から約半年間に五回の会合を重ね、すでに一一の都市再生プロジェクトを決定している。

一九九〇年代以降、我が国の都市は、かつてないほど魅力や活力を失っている。東京を始めとする大都市では、国際競争力が大幅に低下し、依然として生活者に不満と不安を強いる状況が続いている。また、地方都市では、中心市街地が空洞化し、都市のまとまりや産業活力が失われつつある。都市再生が小泉内閣の重要政策課題に位置づけられたことで、これら大小の都市が本格的に回復してい

都市再生本部が決定した都市再生プロジェクト

第一次(6/14)

① 東京湾臨海部における基幹的広域防災拠点の整備
② 大都市圏におけるゴミゼロ型都市への再構築
③ 中央官庁施設のPFIによる整備

第二次(8/28)

④大都市圏における国際交流・物流機能の強化
⑤大都市圏における環状道路体系の整備
⑥大阪圏におけるライフサイエンスの国際拠点形成
⑦都市部における保育所待機児童の解消
⑧PFI手法の一層の展開

第三次(12/4)

⑨密集市街地の緊急整備
⑩都市における既存ストックの活用
⑪大都市圏における都市環境インフラの再生

くことが期待される。しかし、都市づくりの観点からみると、都市再生本部が進める「都市再生」にはボタンのかけ違いがある。

■国の「都市再生」の特徴

それでは、都市再生本部が進める「都市再生」の特徴を整理してみよう。

第一に、都市再生を、経済構造改革のための重点課題、つまり経済再生を目的としてとらえている点である。本来、都市は多様な側面を持つものであるが、都市再生本部は都市を「我が国の活力の源泉」、大都市を「我が国の牽引役」と限定的に位置づけ、都市への民間投資を誘発することを最大の狙いとしている。このため、都市再生プロジェクトの多くは、直接的な投資効果をもたらすものとなっている。また、都市再生プロジェクト以外でも、都市再生本部は「民間都市開発投資のための緊急措置」を打ち出し、民間企業等から二〇〇を超えるプロジェクト提案を受けつけ、これらの促進方策の検討を進めている。

第二の特徴は、東京、大阪を始めとする大都市をターゲットにしている点である。都市再生本部の取り組みには地方都市も含まれているものの、そのほとんどは大都市を対象としたものである。戦後の国土政策は、「国土の均衡ある発展」を最大の課題としてきたことから、大都市に比べ、地方に厚い公共投資を一貫して続けてきた。ようやく一九九八年、第五次全国総合開発計画において「大都市のリノベーション」が打ち出され、大都市重視という国土政策の転換がみられた。今回はそれに加えて、大都市を我が国の牽引役として位置づけたことで、さらに大都市に脚光があたることになった。

第三の特徴は、プロジェクト志向で推進されている点である。都市再生本部ではプロジェクトを行動計画と位置づけており、統一的な方針のもとに、官と民がそれぞれの立場で具体的な行動を展開する枠組みをつくった。こうした実践的な枠組みは、これまで霞ヶ関が得意としてきた法(制度)的な枠組みづくりと比べて、民間の知恵と投資資金を引き出しやすいことに加え、直接的で短期的な成果を期待できるものである。

しかし、すでに決定している一一の都市再生プロジェクトをみると、ハード整備主体が中心となっている。ハード整備の効果は否定されるものではないが、都市再生をより効果的に進めるためには、規制緩和や新制度創設などを駆使して、都市に内在する社会システムについてもメスを入れる必要がある。

第四の特徴は、都市再生を進めるにあたって、都市の将来像を示さなかったことである。よくいえば絵に描いた餅となりやすい中・長期的な都市像を描くことはせず、課題対応型の極めて実践的、実効的な取り組みを進めようとしている。ここにみられるリアリズムは、とかく理念が先行しがちな学識経験者を都市再生本部のメンバーに含めなかったことにも表れている。

都市再生本部によると、対応すべき都市の基本的課題は二つである。一つは、災害に強い市街地や、慢性的な交通渋滞、長距離過密通勤の解消など「二〇世紀の負の遺産の解消」であり、もう一つは、国際競争力のある世界都市づくりや、安心して暮らせる美しい街づくりなど「二一世紀の新しい都市創造」である。このうち後者の「新しい都市創造」には、『創造』という言葉が示すように、目標となる都市の将来像が垣間みられる。しかし、「負の遺産」は我々の日常的な体験に根づいていて誰にでも実態をとらえやすいのに対して、「新しい都市創造」で創造しようとしている都市の姿はなかなかみえてこない。

■効果はあるがビジョン不在の「都市再生」

このように、都市再生本部が進める「都市再生」には、都市のビジョンがない。いい方を変えれば、都市づくりの戦略がない。

決定された都市再生プロジェクトは、極めて実践的、実効的な枠組みを持ち、また、支持率が低下しているとはいえ構造改革に実績を積み上げつつある小泉内閣が推進することもあり、どれも今まで以上に都市の魅力や活力、国際競争力の向上に貢献することは間違いない。しかし、その効果は、都市を回復基調に押しあげるにとどまるだろう。つまり、都市再生本部の「都市再生」は、都市がどん底から這いあがるところまでを守備範囲としているのである。政策としての「都市再生」は経済構造改革を目的とした手段として位置づけられている。あくまで目的を達成すれば、それでおしまいである。

■求められる軌道修正

都市づくりの観点からみると、都市がせっかく元気を回復したとしても、どの方向に向かって歩むべきか示されていないのは大変残念なことである。それ以上に、都市づくりには長い時間を要することから、世代をまたぐ長期的な展望に基づいて都市づくりを進めなければ、必ず手戻りが生まれる。最も危惧されるのは、推進する事業やプロジェクトが自己目的化することである。これまでも、手段であるはずの公共事業が自己目的化したことで、誰がみても不必要で採算のとれない道路、橋梁、箱モノが数多く整備されてきた。今後も、例えば、開発が思うにまかせない東京臨海部では、開発して空間を充足することのみが自己目的化する恐れがある。

いずれにせよ「都市再生」は国をあげて動き始めた。それを、経済構造改革などの短・中期的な成果にとどめるだけでなく、長期的な都市づくりに結実するよう軌道修正していくことが、今、強く求められているといえよう。

2 東京の過去と未来

■東京の六〇年期

百年の計といわれる都市づくりを考えてみたい。

それには、都市の将来ビジョンや、それを実現する都市づくりの戦略が不可欠である。しかし、それらは未来を展望するばかりでは生まれない。過去にも十分目配りする必要がある。その点について、東京を取りあげ検討してみよう。東京は遷都以来一三〇余年、江戸開幕から数えれば四〇〇年の歴史を持つ我が国の首都であり、都市再生プロジェクトでも中心的なターゲットとなっている。

東京は、都市づくりの観点から、二つの時代区分が可能である。まず、一八八五年～一九四五年の六〇年間。次に一九四五年～二〇〇五年の六〇年間である（図1参照）。これを、「東京第一時代」「東京第二時代」と名づけよう。また、それぞれの六〇年間には、三〇年ごとに節目がみてとれる。図1には、一八五五年から二〇三五年まで一八〇年間にわたる江戸・東京人口の推移を示しているが、約三〇年間を節目として人口増減の様相が大きく変化していることがわかる。このような**六〇年期**、三〇年期をもとに、東京第一時代、第二時代を順に振り返っていこう。

■東京第一時代

東京第一時代がスタートする一八八五年は、明治の新体制が発足してからすでに一八年が経過している。しかし内乱が続いたことで、ようやくこの頃都市整備が本格的にスタートした。一八八二年には、初の都市内鉄道である東京馬車鉄道が開業し、翌八三年には鹿鳴館、八五年には山手線（一部）、八八年には皇居が落成するなど、重要施設が次々と誕生する一方、八八年には東京の都市計画の基礎となる市区改正条例が公布された。

この頃の商工業の中心地は大阪であったが、東京では官営企業・工場や財閥資本が中心となり、日露戦争や第一次世界大戦を経て重工業を発達させ、それに伴い東京の市街化が進み人口が急増した。

第一時代の折り返し時点である一九一五年を過ぎてから東京集中が加速し、五年間で一〇〇万人を上回る勢いで人口が増加している。また、その頃、大正市民文化が花開き、影響力は弱いものの東京独自の都市様式といえるものが形成された。一九二三年には関東大震災が起きたが見事復興を果たし、人口も一九三九年には七〇〇万人となったものの、太平洋戦争によって東京は壊滅的な被害を受け、一九四五年には三四九万人にまで落ち込んだ。

■東京第二時代

次の東京第二時代は、一九四五年の敗戦からスタートする。一九五〇年には首都建設法が施行され、我が国の復興とあわせて国をあげて東京の復興計画が進められた。一九五八年には首都圏整備計画が施行され、一九六四年には東京オリンピックの開催にあわせて都市施設整備が急進した。一九六二年には初めて人口一〇〇〇万人を超え世界最大の都市となったが、流入人口のほとんどは郊外に向かい、中心部から裾野まで切れ目なく都市が拡大していった。

第二時代の折り返しである一九七五年頃まで、我が国は未曾有の経済成長を遂げ、成長企業の本社のほとんどを抱える東京は、経済センターとして反映したものの、世界一の物価高や、狭い住宅、長距離過密通勤など、生活者は経済成長の陰で犠牲を強いられていた。一九七五年に前後して二度の石油危機を経験し、我が国は一転して安定成長期に入るが、東京の人口増加は続くものの勢いが弱まっていく。八〇年代に入ると大量消費文化が花開き、バブル期に頂点を迎えた。しかし、それは江戸の化政文化や、大正市民文化と比べるとても文化と呼べるような代物ではなかった。また、一九九五年には阪神・淡路大震災を経験し、大都市の脆弱性が改めて露呈したにもかかわらず、抜本的な改善が進んでいない危険を孕んだ状況にある。

■過去の六〇年期の共通点

このように、東京が経験した二つの六〇年期（第一時代・第二時代）には、いくつかの共通した特徴がみられる。

①まず、スタート時点において、我が国の社会経済の方向が大転換し、それを支える新たな都市整備が社会的要請となって強く表れたことである。

②あわせて、その時点では、都市が壊滅的な被害を受けるなど機能不全に陥っていたことから、緊急の課題として都市づくりが要請されたことである。第一時代は相次ぐ内乱によって、第二時代は太平洋戦争によって、東京は機能不全に陥っていた。

③また、初期段階で、都市ビジョンについての国民的な合意形成がなされた点である。第一時代のビジョンは帝都建設（軍事化の中枢）であった。第二時代のビジョンは国際社会下での新生日本の首都再生と国内経済センター（産業化の中枢）建設であるが、これらのビジョンを明確に謳った首都建設法が住民投票を経て制定されたことによく表れている。

④こうした基礎的な枠組みづくりにあわせて、都市づくりを進める上での法体系や制度などの基礎的な枠組みがつくられたことである。第一時代には市区改正条例が、第二時代は首都建設法とそれに続く首都圏整備計画が初期段階に制定されている。

⑤さらに、最初の三〇年期の中盤から終盤にかけて、都市整備の追い風となる大イベント等が開催されたことである。第一時代は日清・日露戦争が、第二時代は東京オリンピックが追い風となり、都市整備が一気に加速した。

⑥加えて、ある程度、先見性のある長期的なビジョンを持ってはいたものの、都市膨張が計画実施のスピードを上回り、都市整備が後追いに終始したことである。これが現在も、都市再生本部が「負の遺産」として示したように大きな課題として積み残されている。

⑦最後に、六〇年期の終盤に、都市文化が開花することである。実際に、第一時代には大正市民文化、第二時代には大量消費（バブル）文化が起こった。六〇年期の初期段階では、都市整備を始めとしたさまざまな政治的枠組みが形成され、都市整備が加速する。次の六〇年期の中盤では、そうして形成される都市基盤の上で、経済を中心に都市活動が活発に行われるようになる。そして六〇年期の終盤になると、都市活動が成熟化して都市文化といえるものが誕生する。六〇年間の営為が、その都市文化に表れるといってよいだろう。

図1 ● 東京の時代区分

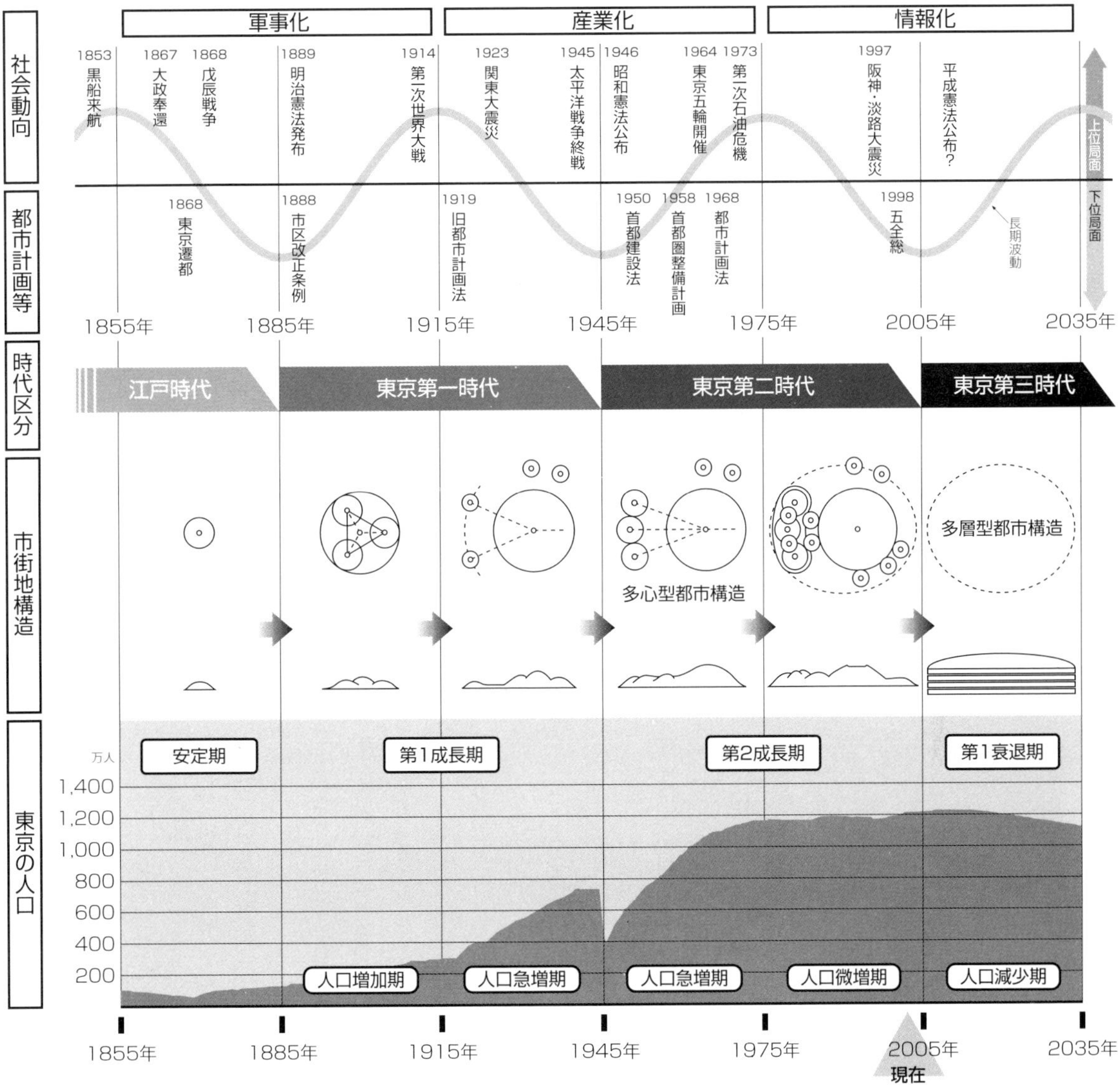

備考）「東京の人口」は、江戸時代は江戸府内人口、戦前は東京府人口、戦後は東京都人口を用いた。
資料）東京都総務局統計部人口統計課資料、国立社会保障・人口問題研究所編「都道府県別将来推計人口 平成7年〜37年 平成9年5月推計」（厚生統計協会）、日本都市計画学会編「東京大都市圏」彰国社（1992年）、吉原健一郎・大澄徹也編「江戸東京年表」小学館（1993年）、公文俊平編著「2005年日本浮上」NTT出版（1998年）より作成。

■転換期における歴史の教訓

このように、都市東京の歴史には、第一時代、第二時代という二つの六〇年期が確認できる。

二〇〇二年の現在は、第二時代が終わりを告げ、第三時代が始まろうとする、まさに六〇年ぶりの「底」の時期、あるいは転換期にあたっている。確かに、過去二回の「底」と同様、我が国の社会経済の方向が大転換し、それを支える新たな都市整備が社会的要請となって強く表れており、また、内乱や戦災による物理的な破壊はみられないものの、都市機能の働きが不十分で、自律的な回復が難しい状況にある。

そこで、過去の歴史の教訓から、「底」にある現在、行うべきことを整理してみよう。

①まず、国民的な合意を得て、都市づくりのビジョンを明確にすることが重要である。その上でこそ、官民協力のもと都市づくりを進めることができる。

②次に、都市ビジョンの明確化を受けて、先見性を持った法体系や制度などの基礎的な枠組みを整える必要がある。これで、百年の計としての都市づくりを、世代が替わっても色あせることなく推進していくことができる。

残念ながら、都市再生本部が進める「都市再生」には、この二つの教訓を参考にした痕跡を見いだすことができない。しかし、再確認したいのは、「都市再生」は短・中期的な経済政策であり、その点では大いに評価できる点である。肝心なのは、「都市再生」を進めながらも、手遅れになることなく、いかに都市ビジョンを描くかである。

3 都市のビジョン「六〇年の計」

■二〇六五年の東京

一九九〇年代、歴史的大事業と謳われた「首都機能移転」政策が、国民的合意を経て実現される、かにみえた。首都はその時代を象徴するものであり、新しい時代にはそれにふさわしい革袋が必要という論理にはそれなりの説得力があった。しかし、誕生以来一〇余年を経ても国民的な合意どころか議論すらおこらず、経済再生が不可欠な時期に突入したことで、膨大な投資を伴う新都建設の現実性は薄らいでしまった。

しかし、政策形成過程で検討された新首都のあり方や新首都づくりの基本理念は大いに参考になる。そこには、新首都のあり方として「日本の進路を象徴する都市」「新しい政治・行政都市」「本格的国際政治都市」の三つが掲げられている。また、例えば「日本の進路を象徴する都市」の下に三つの基本理念として平和、文化、環境が掲げられ、さらに細かな書き込みがある。また、別角度から、都市イメージの基調として、開かれた、親しみ、ゆとり、美しさ、風格などがあげられている。とかく抽象的になりがちな能書き部分でありながら、比較的イメージがわきやすい。内容の適否はさておき、新首都の将来ビジョンは明快である。

東京は、首都（政治都市）のみならず、生活都市であり、産業都市でもあることから、新首都のビジョンをそのまま参考にすることはできない。しかし、この明快さを習うことにして、六〇年後の東京第三時代が終わる二〇六五年時点での都市ビジョン、つまり「東京六〇年の計」を掲げてみよう。

二〇六五年の東京（東京六〇年の計）

①生活帰属
東京に暮らす人々が、生活を安心してエンジョイするとともに、東京をふるさとと感じられる都市

②産業増進
東京を舞台に活動する内外の人々や企業等を、世界のどの都市よりもエンパワーメントする都市

③環境循環
地球環境と都市活動との調和を模索し続け、循環型都市システムを内在するエコロジーな都市

④情報交流
東京と日本の魅力と活力を内外に発信し続けるとともに、創造的交流を生むエキサイティングな都市

⑤日本の顔
日本の進路と歴史文化を象徴する風格ある都市

東京第一時代に掲げられた都市ビジョンの狙いは、帝都建設という政治都市化にあった。また、第二時代の都市ビジョンは、首都再生という政治都市化に加え、国内経済センター建設という産業都市化にあった。それに対して第三時代は、ここに掲げた五つのビジョンに示したように、生活都市化、環境都市化、情報都市化という沢山の課題が加わった。（図2参照）

一方、政治都市化および産業都市化についても、依然として大きな課題である。地方分権化が進行する中で、政治都市として広い意味での外交機能を付与するとともに、

図2 ● 東京の都市ビジョンにみられる都市課題の変遷

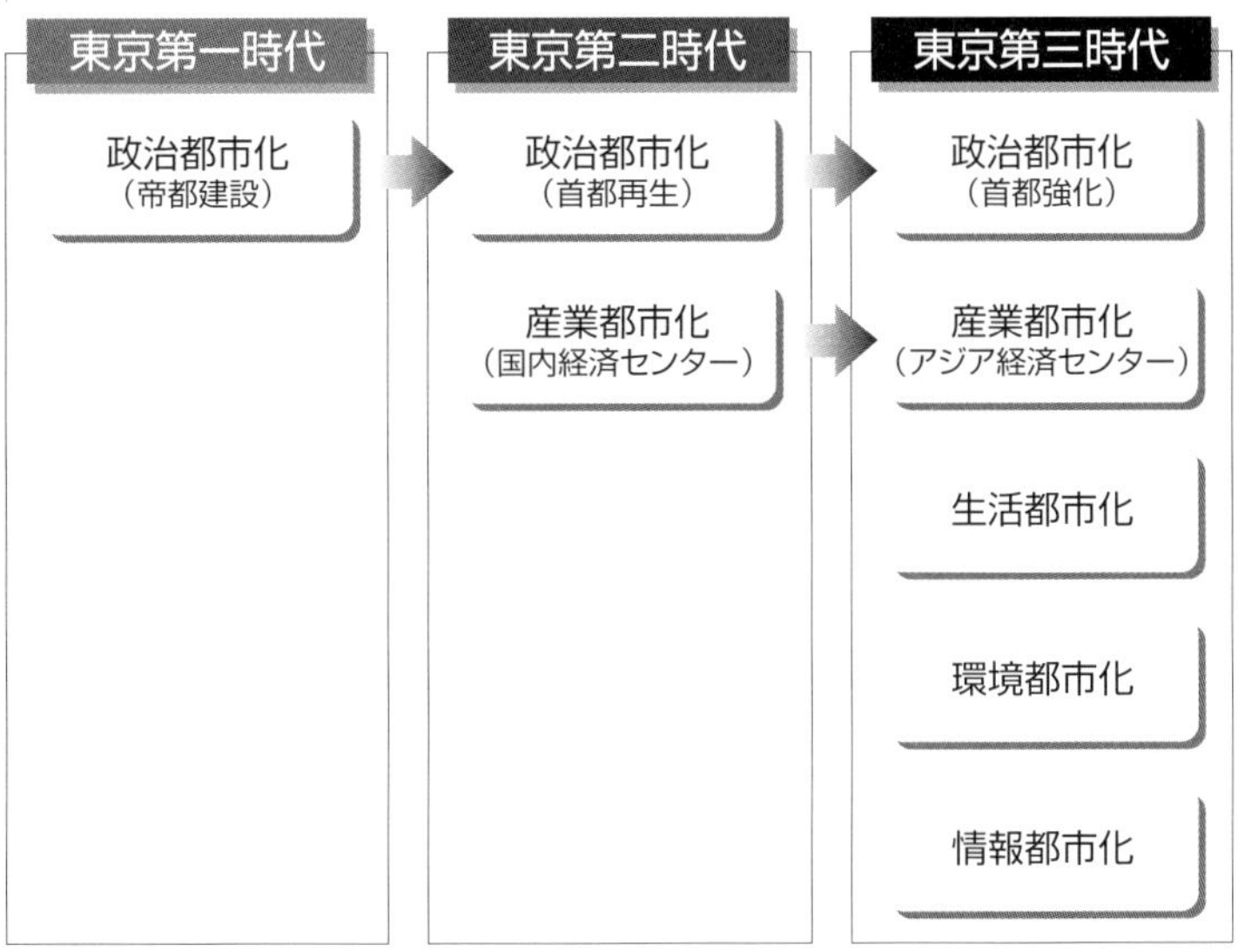

災害や軍事面等での危機管理機能を強化していく必要がある。また、グローバリゼーションが進行する中で、産業都市としても国際的な中枢拠点へと転身を図るための課題が山積している。

■多心型都市構造から多層型都市構造へ

次に、二〇六五年の都市の姿を描いてみたい。

図1の「市街地構造」に示したように、江戸には、無理をすれば歩いて回れるヒューマンスケールの街が形成されていた。それが、東京第一時代になると人口が急増し、鉄道ターミナルを中心に「心」が形成され、それを取り囲むように高密市街地が形成された。さらに、東京第二時代になると、郊外の人口増加が進み多摩地区等の周縁部に「心」が形成される一方、乗り換えターミナルが副都心として成長し、「心」の間隙にはさらなる「心」が生まれていく。

このように、東京は、〈多心型〉の都市構造を形成した歴史を持ち、都市づくりも、これを追認する形で進められてきた。しかし現在、「心」同士は連担し、多心と呼べない状況となっている。また、これまで進められてきた多心型都市の実現は、どちらかというと業務機能の効率的配置に主眼を置いたものであったことは否めない。今後は、業務機能だけでなく居住や商業、文化などさまざまな機能がバランスよく配置された都市を実現する必要がある。東京都が二〇〇〇年に策定した「東京構想2000」は、二〇五〇年を見据えた骨太の計画と評価できるが、そこでも多心型都市構造の実現には限界があると指摘している。

それでは、一体どのような都市の姿が望まれるのだろうか。

それには、まず、「心」という形で空間的な縦割りにすることなく、都市全体を一体としてとらえる必要がある。実際に、機上から見る東京の姿は、東京湾から関東山地の裾野に至るまで切れ目なく市街地が広がっている。一体としての都市を機能的に横切りにして階層（レイヤー）を構成するのである。そして、性格の異なる整備分野、あるいは空間ネットワークごとに独立した取り組みを展開する。当然、各階層は互いに密接な関係をもつものであるが、まず、各階層内で必要な取り組みを進めることが重要であり、その上で、他階層（分野）との機能連携を考えるべきである。

このように、多心型の都市構造に代わる〈多層型〉の都市構造を用いることで、それぞれの階層が提示する将来像の総体として、二〇六五年の都市の姿を提案したい（図3参照）。なお、各階層ごとの詳細については、「第二章」に委ねることにした。

■六〇年の計のアウトカム指標「都市の様式」

最後に述べておきたいのは、第三東京時代の東京がめざすべきものは、「都市の様式」あるいは「都市の型」というべきものだということである。

こればかりは、単独の政策や事業で到達することはできず、これまで述べてきたさまざまな取り組みを達成した暁に、自然発生的に生まれるものである。その意味では、「東京六〇年の計」における究極の**アウトカム指標**（End

図3 ● 2065年の東京の階層型都市構造のイメージ

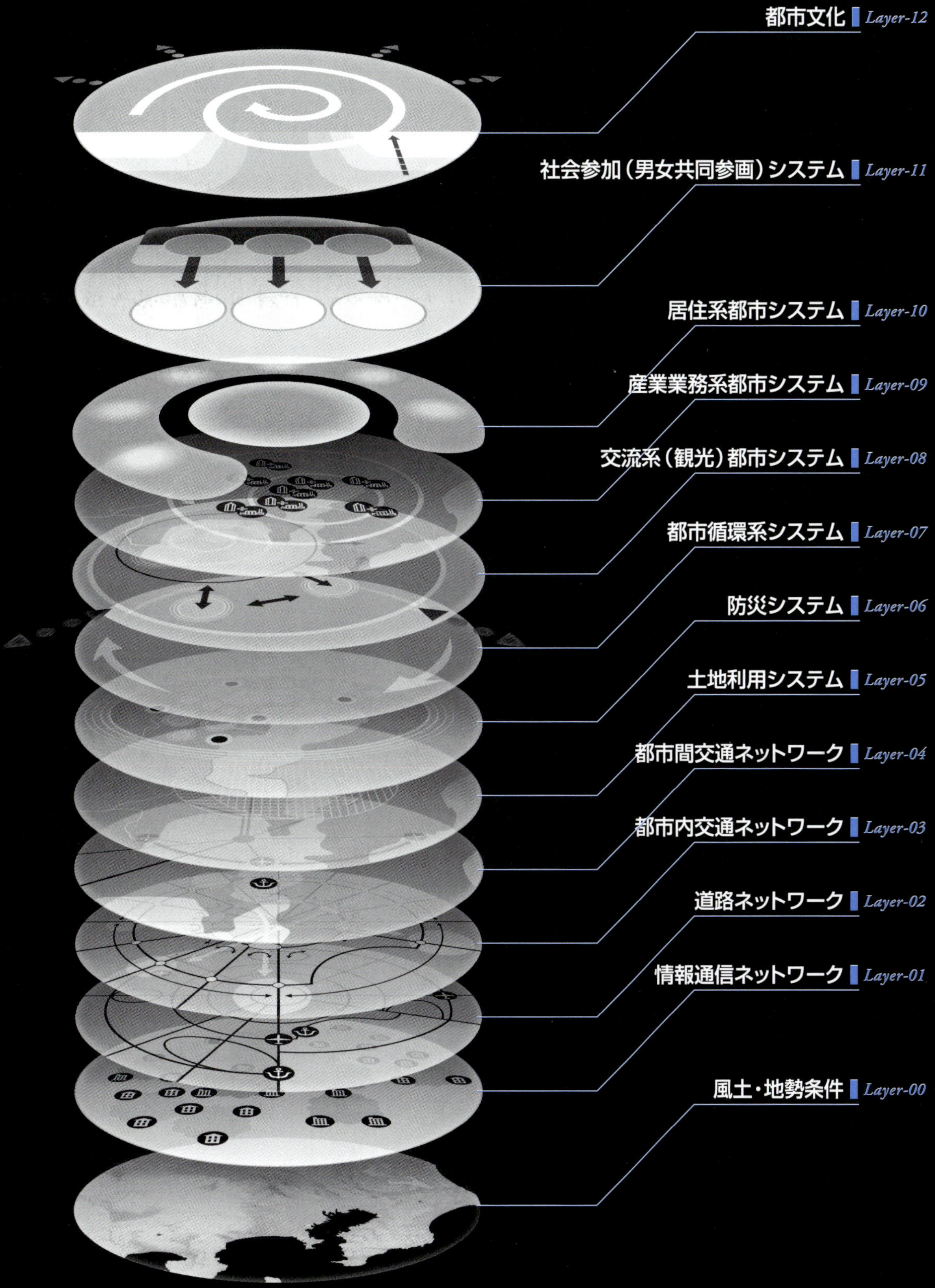
都市文化 Layer-12
社会参加（男女共同参画）システム Layer-11
居住系都市システム Layer-10
産業業務系都市システム Layer-09
交流系（観光）都市システム Layer-08
都市循環系システム Layer-07
防災システム Layer-06
土地利用システム Layer-05
都市間交通ネットワーク Layer-04
都市内交通ネットワーク Layer-03
道路ネットワーク Layer-02
情報通信ネットワーク Layer-01
風土・地勢条件 Layer-00

Outcomes）といえるだろう。

残念ながら、現在の東京には「都市の様式」「東京の型」と呼べるものはない。それを求めるとすれば、江戸にまで遡らねばならない。江戸は、家康入城以来、明暦の大火（一六五七年）後の市街地形成に至るまでに数十年をかけ、幕政の中枢として戦略的に造られた都市である。西欧都市が中世城郭都市の名残から求心的で中心性の強い都市構造を持つのに対して、江戸は分散的で比較的柔軟な構造を持ち、それを土台として町民文化が発達した。江戸中期には人口が一〇〇万人を超え世界最大の都市となり、化政期になると大坂から江戸に文化の中心が移行した。この化政文化は、田沼期にみられた軽妙洒脱の開放的な雰囲気と、その後の寛政期の奢侈禁止令とが混ぜ合わさり、歌舞伎や浮世絵に代表されるように、表面は質素に、裏面には華美をこらす独自の文化様式を生み出した。また、これは「粋」「通」というように江戸町民のライフスタイルを貫く精神でもあり、これらの精神を共有する人々を江戸っ子と呼ぶようになった。そして、これらの文化様式や精神は、都市のみならず広く農村にも普及し、国民文化というべきものになっていった。このように、江戸は、古都京都や商都大坂とは異質の、歴史都市パリ、ロンドンにも匹敵する「都市様式」「江戸の型」を築きあげた。

江戸と東京の連続性はそれほどなく、江戸は東京第三時代の参考にはならないかもしれない。しかし、江戸は、公が築きあげた都市舞台の上で、民（町人）が闊達な活動を展開することで初めて「型」を持つほど成熟した。

現在、推進されている「都市再生」は、官民共働の一大事業である。これを契機に、官と民とが役割分担をしながらも、住民や企業、ＮＰＯ団体など民による自由闊達な活動を大いに促すことで、江戸に匹敵する「都市の様式」「東京の型」を形成していく必要がある。

4 本書の狙いと構成

本書の狙いは、都市再生本部が進める「都市再生」に中・長期的な視座を加えることで軌道修正を図り、「都市再生」を真の都市づくりに有効な取り組みに変えていくことにある。

このため、まず「第二章」において、多層型都市構造を用いて二〇六五年の都市の姿をできる限り明快に提示することにした。そして、「第三章」では都市再生プロジェクトが現に推進されていることもあり、プロジェクトベースで具体的な提案を行うことにした。

図4 ● 東京の歴史を象徴する日本橋地区の再生

第二章

東京の2065年都市将来像

現時点は「東京第三時代」の入口にあたり、
新しい「六〇年の計」としての都市づくりをスタートさせる必要がある。
その際、重要なのは60年後の都市将来像を明確にして
都市づくりの目標を共有することであろう。
ここでは、第一章で提案したように、
従来の多心型都市構造に代わる「階層型都市構造」を用い、
それぞれの階層が提示する将来像の総体として、
2065年の都市将来像を提案する。

Layer-01 情報通信ネットワーク
Layer-02 道路ネットワーク
Layer-03 都市内交通ネットワーク
Layer-04 都市間交通ネットワーク
Layer-05 土地利用システム
Layer-06 防災システム
Layer-07 都市循環系システム
Layer-08 交流系(観光)都市システム
Layer-09 産業業務系都市システム
Layer-10 居住系都市システム
Layer-11 社会参加(男女共同参画)システム
Layer-12 都市文化

2065年における東京の

情報通信ネットワーク

Layer-01

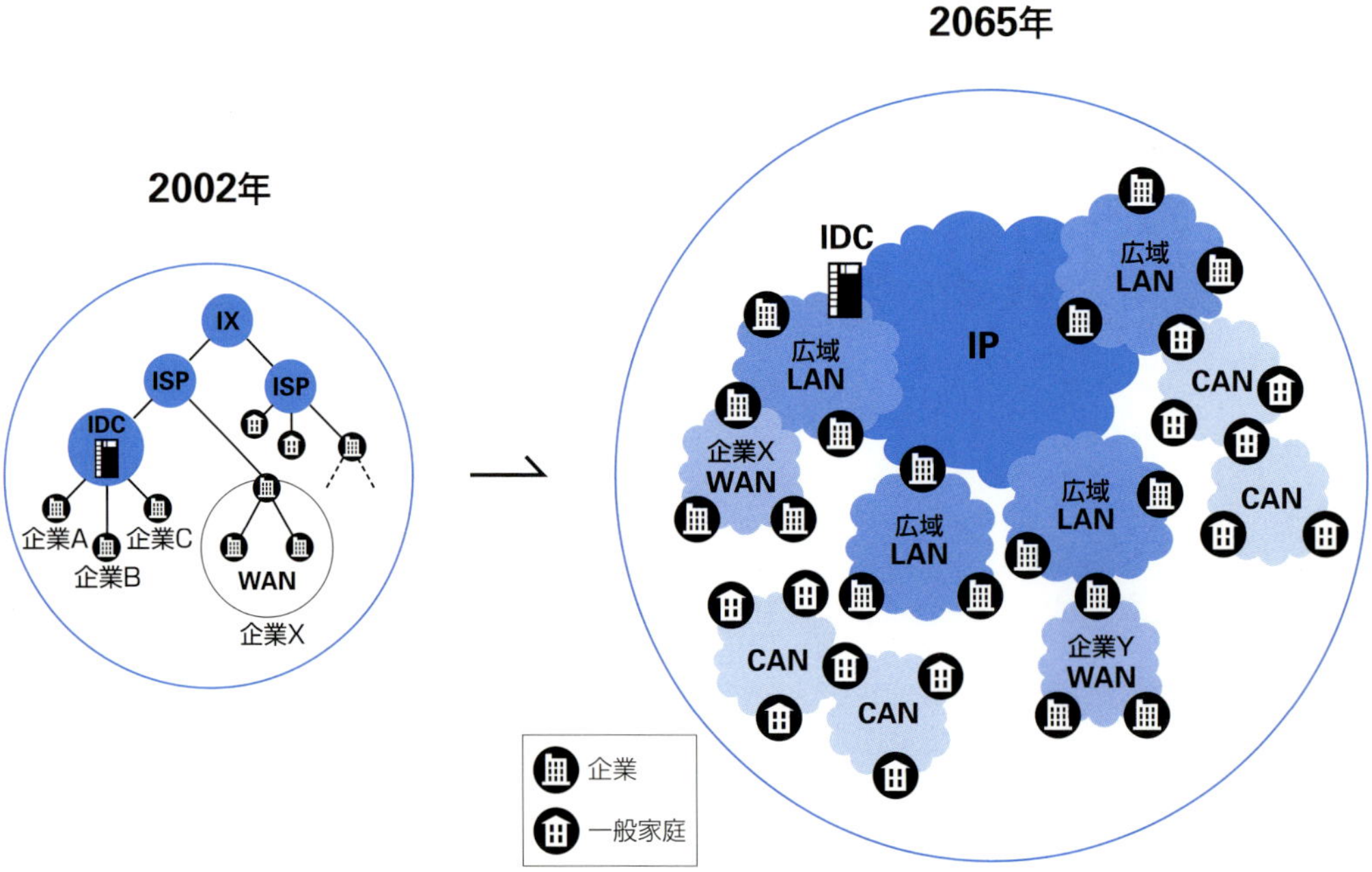

二〇六五年の東京には、分散自律型の新しいコミュニティネットワークが(CAN)形成され、都市は、CANがクラスター状に接続される面的ネットワークの集合体となる。

二〇〇一年はブロードバンド元年と呼ばれ、ADSLを中心に数〜百メガ(10^6bps)の常時接続サービスが提供されている。しかし、インターネットがネットワークのネットワークとして誕生した歴史を持つにもかかわらず、現在のネットワーク構造は、従来の電話網をATM装置等を介し容量集積させデータ伝送に活用する「階層型」である。また高度な技術を用いるため市中回線が高価となり、結果、ISP(Internet Service Provider)の設備もIX(Internet Exchange)が存在する局舎に集中し、日本の通信トラフィックは大手町一極集中の状況となっている。

ところが近年、光ファイバにイーサネット・スイッチを直接接続し、広域ネットワークを構築するサービス(広域LAN)が広がりつつある。イーサネットは、複雑な処理を端末側で受け持つLANの標準技術として発展してきたもので、比較的単純な技術であるため次々と高速、広域伝送に適用されている。他方、WDMなど光ファイバの活用技術により、帯域をギガ(10^9bps)からテラ(10^{12}bps)、ペタ(10^{15}bps)級に拡大することも可能となった。光速は一定不変であり、通信速度を光速の限界まで高めるためには、広帯域化を推し進め、帯域の制限をなくすとともに、ネットワークを限りなくシンプルな構造で構築することが望ましい。二〇三〇年頃までには、複雑な電子スイッチを排した全光ネットワークおよび光スイッチングが実現し、現在の「階層型」のネットワーク構造は、端末側にインテリジェントを持つ、完全な分散自律型のネットワークとなる。さらに、ナノテクノロジーの発展により、光ネットワークを超えた量子ネットワークが出現することも期待されている。

二〇六五年、こうした無限ともいえる帯域を活用しながら、端末を操る個人、コミュニティは、光速の限界まで高まった通信速度を自在に使いこなし、地域に新しいコミュニティネットワーク(CAN:Community Area Network)を形成する。都市は、CANがクラスター状に接続される面的ネットワークの集合体となる。

(高橋明子)

2065年における東京の

道路ネットワーク

Layer-02

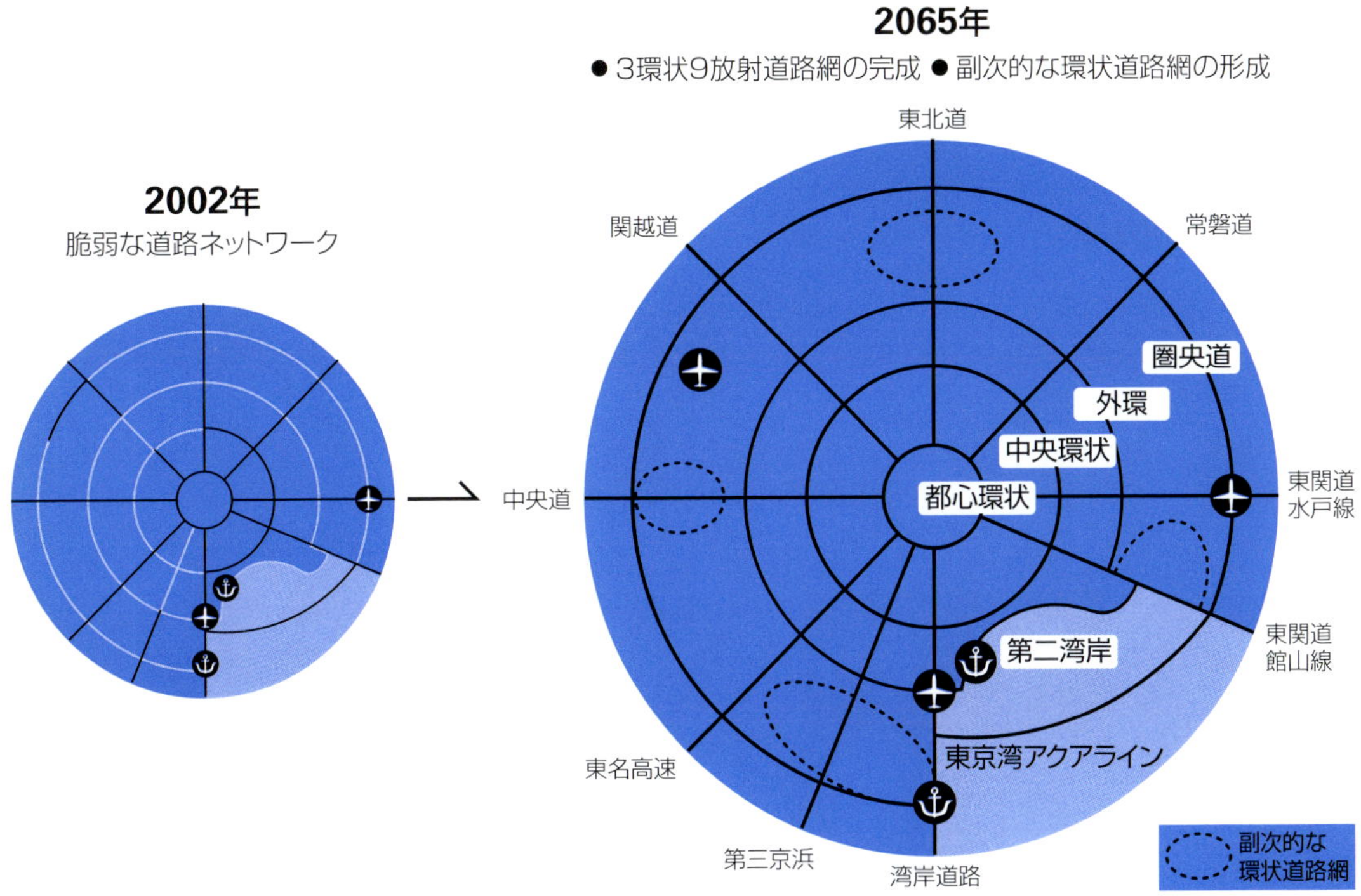

二〇六五年の東京では、「三環状九放射」の高速道路網が完成し、さらに、副次的な環状道路網が形成される。また、初期に整備されたボトルネック箇所の大改造や歴史的景観の再生が取り組まれている。

首都圏の道路ネットワークは、放射道路網が比較的発達しているのに対し、環状道路網の整備が極めて遅れているため、交通渋滞が慢性化している。「三環状九放射」という首都圏の高速道路網の基本的コンセプトは、一九六七年にすでに位置づけられていたにもかかわらず、三五年を経た現在も、環状道路網はごく一部が開通しているにすぎない。このため、少なくとも今後十数年は、環状道路網の整備が引き続き重要課題となる。その実現のためには、これまでの経験をふまえ、沿線住民など関係者間で円滑に合意形成が行われるような合意形成システムを構築することが重要である。

首都圏の環状道路網は、中央環状と外環が比較的近接し、圏央道までの間隔が広いという特徴をもち、横浜、千葉、さいたまといった首都圏の副次的な機能集積地区は、この間隙に位置している。このため、三環状道路の次には、これらの地区周辺を迂回する副次的な環状道路網の整備が課題となる。横浜においては、すでに高速横浜環状線に一部整備着手しているが、今後、千葉やさいたまなどの都市機能集積に応じて、整備が求められる。

また、今後の六〇年間には、初期に整備された高速道路網が設備更新の時期を迎える。その際には、都心環状線や中央環状線などの構造的なボトルネック箇所の大改造や、日本橋に代表される、道路整備によって失われた歴史的景観の再生などに取り組むべきである。

こうして、二〇六五年の東京においては、三環状九放射と複数の副次的環状道路網を骨格とする道路ネットワークが形成されている。

（原田昌彦）

2065年における東京の

都市内交通ネットワーク

Layer-03

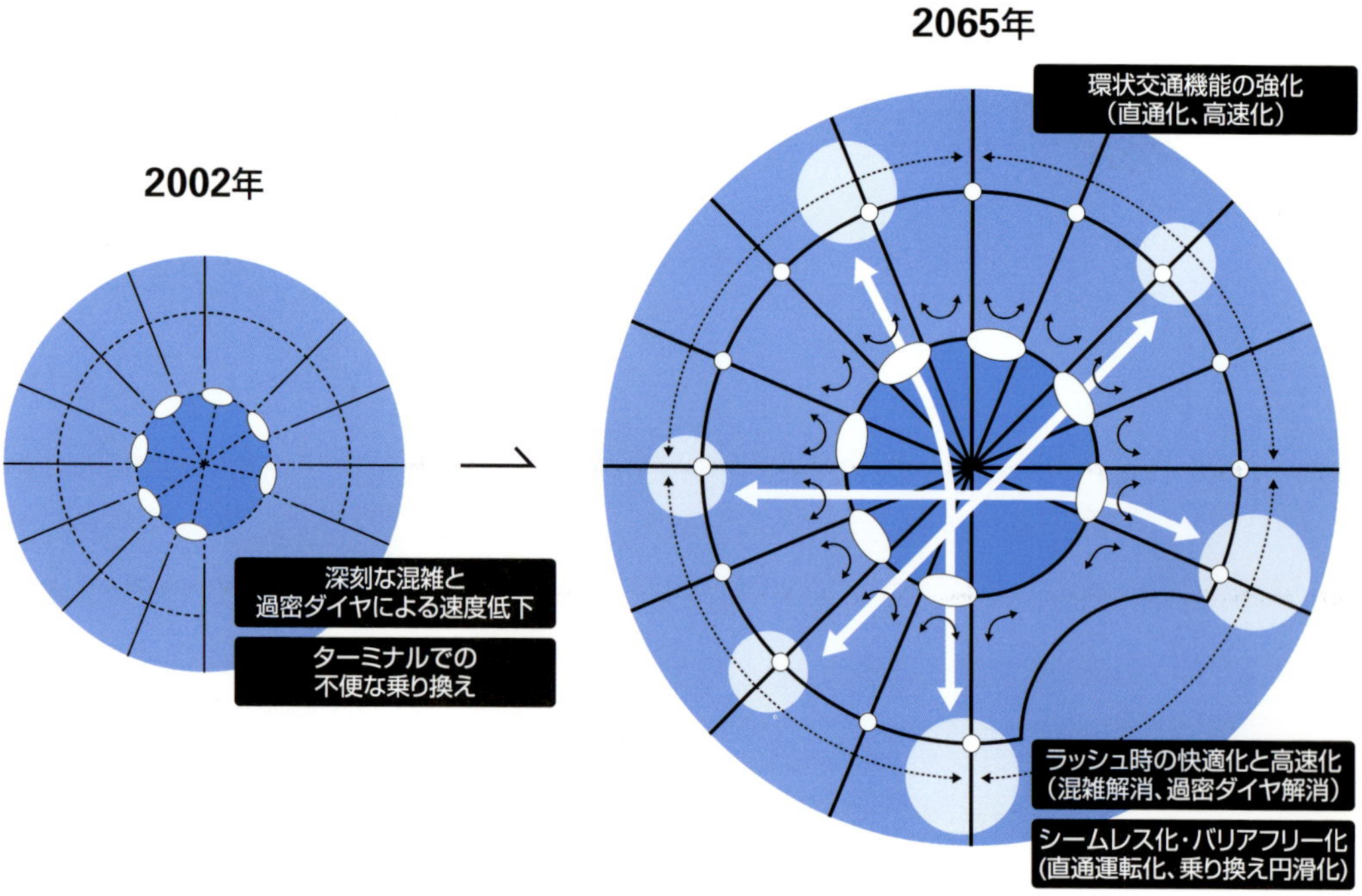

二〇六五年の東京では、ラッシュ時の混雑と過密ダイヤが解消され、快適化・高速化されたゆとりある通勤環境が実現するとともに、誰にでもわかりやすく、使いやすいシームレス化・バリアフリー化が実現する。

首都圏では、一九四五年の終戦直後の段階において、環状の山手線とそこから郊外に延びる放射状の郊外鉄道という現在の都市内交通ネットワークの骨格が、おおむね形成されていた。

その後約六〇年の間に、人口急増と都心部の過密化、都市圏域の拡大に対応し、地下鉄網の飛躍的な発達、ニュータウン鉄道の新設などによって、二〇〇二年の首都圏には、世界的にも類をみない充実した都市内交通ネットワークが形成されている。

しかしながら、寿司詰めの満員電車、過密ダイヤに伴うノロノロ運転、ターミナルでの不便な乗り換えなど、首都圏住民は依然として劣悪な通勤事情を強いられたままである。

二〇六五年の首都圏の都市内交通ネットワークは、ラッシュ時の混雑緩和（快適化）と過密ダイヤ解消（高速化）が実現し、ゆとりをもって通勤できるようになっている。同時に、高齢者や障害者など、誰にでもわかりやすく、使いやすい交通ネットワークのシームレス化・バリアフリー化を実現している。また、環状交通機能も強化され、都心部を経由せずに、横浜・川崎、千葉、さいたまなどの各地区間を短時間で移動できるようになっている。さらに、バス、タクシー、自転車など、地区や利用者の特性に応じた多様な交通手段が利用されている。

これらの実現のため、今後六〇年間で、複々線化などによるボトルネック解消、都心部ターミナルの抜本的な改善・強化による郊外〜都心〜郊外の直通化や乗り換え経路の最適化・円滑化、武蔵野線を中心とする環状方向の各路線の直通化・高速化を図る必要がある。

（原田昌彦）

2065年における東京の

都市間交通ネットワーク

Layer-04

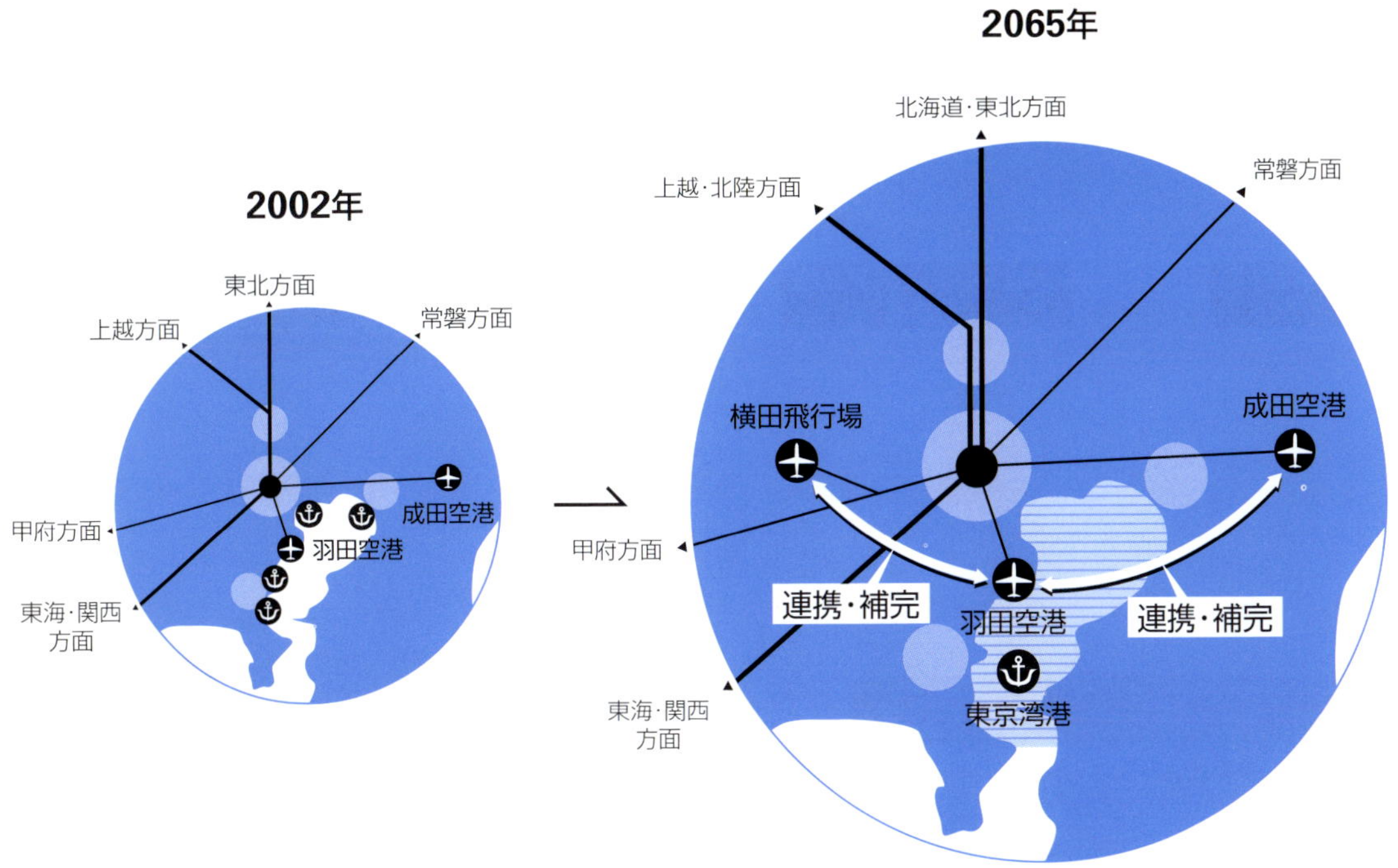

二〇六五年の東京では、成田・羽田・横田の三空港が一体となって利便性の高い国際・国内航空ネットワークを形成する。また、北海道新幹線・北陸新幹線が整備され、陸上交通による一日交流圏も拡大する。東京湾内の各港は一体的に運用され、効率性の高い国際・国内海上ネットワークを形成する。

現在、首都圏は、我が国の都市間交通ネットワークの中枢として、新幹線路線網が集結し、成田・羽田両空港には発着枠一杯に路線が開設され、東京湾内は船舶が輻輳している。特に空港容量は限界に達しており、国内外との活発な交流ニーズに応えきれていない。一方、空港・港湾の国際競争が活発化する中で、首都圏の空港・港湾の地位は低下している。

二〇六五年には、成田空港の平行滑走路整備や羽田空港の再拡張に加え、米軍から返還された横田飛行場が、航空機の騒音低減技術の進歩により、民間空港としてフル活用されている。首都圏では、これら三空港の連携・補完関係により、十分な空港容量が確保されるとともに、世界的な空港間競争においても優位性を保っている。

新幹線路線網では、北海道新幹線や北陸新幹線が全線開通し、陸上交通による一日交通圏が拡大するとともに、既存の航空需要を代替することにより、首都圏の航空需要を抑制し、新たな空港建設を不要としている。また、老朽化した東海道新幹線は施設更新が進められ、過密化した東北・上越新幹線東京〜大宮間は複々線化されている。

海上交通では、東京湾口航路の整備による輻輳問題の解消に加え、湾内各港湾の整備・運営体制が一体化され、「東京湾港」としての効率的・戦略的な機能強化により、港湾間競争における国際競争力が再強化されている。また、環境負荷の小さい海上輸送は、貨物鉄道とともに、長距離トラックに代わって国内幹線輸送の主役の座を占めている。

(原田昌彦)

2065年における東京の

土地利用システム

Layer-05

2002年
都心部において低未利用のまま
長期保有される土地が無秩序に散在

2065年
土地本来の機能を最大限に活用し、
活力ある産業と良好な居住環境が両立する土地利用システム

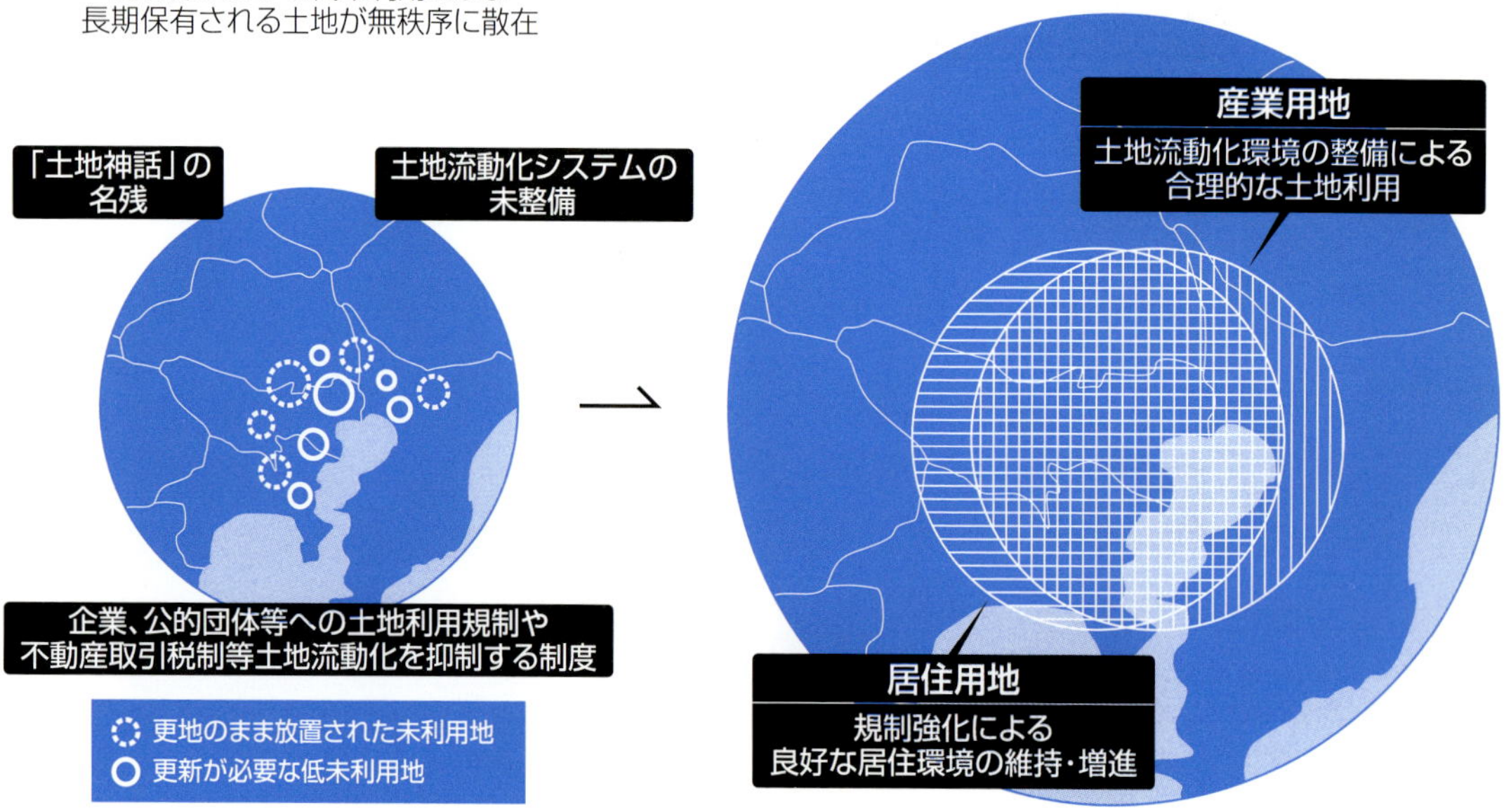

二〇六五年の東京では、土地を投機対象とするのではなく、産業活動と生活の場としての土地本来の機能を最大限有効に活用し、活力ある産業と良好な居住環境が両立する合理的な土地利用システムが確立する。

我が国においては、長い間土地は最も有利な資産であると信じられてきた。しかし、長引く地価下落傾向からこうした「土地神話」は崩壊した。今では、事業を展開する上で、土地を所有することは不利とする考え方が主流である。また、個人においても、持ち家志向は依然高いが、資産として土地は有利ではないと考える層がすでに多数派になっている。

こうした中で、東京において有効利用されないまま長期保有される土地が多い理由として、工場や大学の既成市街地への立地制限や公的団体の不動産運用に対する規制、保有よりも売買における負担が大きい不動産税制など、土地流動化を妨げる諸制度があげられる。また、不動産証券化など土地流動化を促進する環境が整いつつあるものの、まだ緒に就いたばかりで十分機能しているとはいいがたい。

今後は、土地を金融商品と同じような投資対象と見なす価値観は完全に崩壊し、純粋に産業活動の場や生活の場として利用するために円滑に土地が取引される環境が形成される。また、不動産証券化の普及などにより、不動産の所有と利用の分離も進展する。

今後重要となるのは、産業の用に供する土地と、良好な居住環境を形成するために用いられる土地の明確な区分と、メリハリの利いた土地利用の仕組みづくりである。産業の用に供する土地については、土地流動化を抑制する制度の緩和や流動化を促進する環境整備により、有効に利用されていない土地の所有権、利用権が、有効利用が可能な主体へと円滑に移転される、合理的な土地取引市場を形成する。一方、良好な居住環境を形成するために用いられる土地は、住民の主体的な参画のもとに、地域の特性に応じた居住環境形成の明確なビジョンを確立し、必要に応じて規制を強化するなど、良好な居住環境を維持・増進することを最優先した土地利用の誘導をはかる。

産業活動と生活の場としての土地本来の機能を最大限有効に活用し、活力ある産業と良好な居住環境が両立する合理的な土地利用システムが確立されている姿が、今後六〇年の東京がめざすべき都市像である。（大塚　敬）

2065年における東京の
防災システム

Layer-06

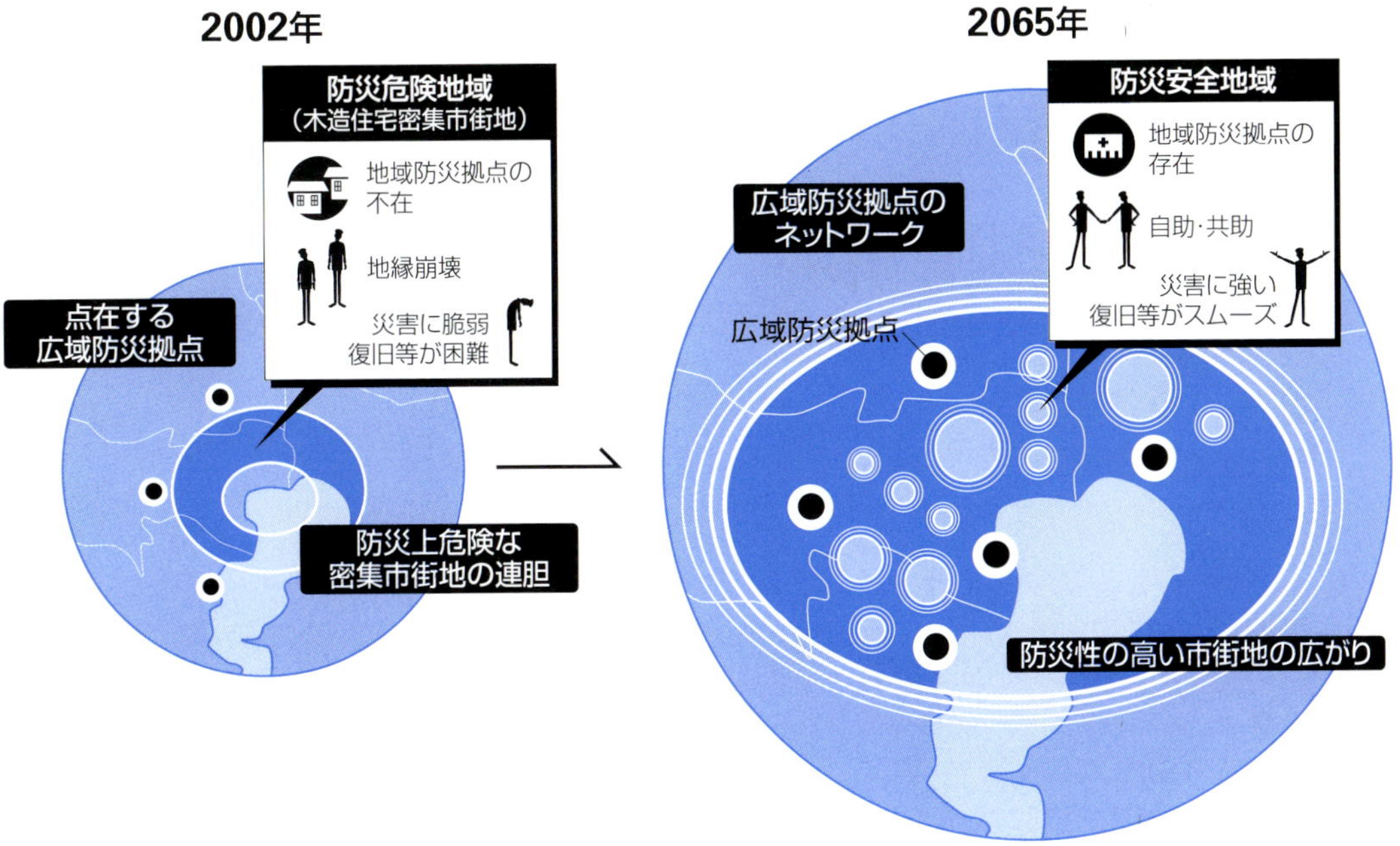

二〇六五年の東京は、インフラの耐震性等の向上とともに、地域特性を勘案した地域単位の危機管理体制や、広域的な防災ネットワーク等が構築されるなど、高度な防災性を備えた都市となる。

死者六四三二人＊を出した阪神・淡路大震災によって、大都市が地震に対して極めて脆弱であることが明らかになった。被災地では、大量の住宅倒壊や同時多発火災が発生し、長期にわたり都市機能が麻痺した。これは、現代の都市が複雑に絡み合った多種の都市インフラの上に成立するため、主要な都市インフラが破壊されたことで予想を超えた被害の連鎖が生じるとともに、従来の危機管理体制そのものが機能不全を起こした結果である。

東京では、関東大震災、そして終戦といった二度の都市大改造のチャンスがありながらも、十分な防災対策が講じられないまま市街地が急速に拡大し、都市機能が高度に集中した。国や東京都などを中心にさまざまな防災対策が実施されているが、なお多くの密集市街地を抱えており、直下型地震などの大規模災害時には阪神・淡路大震災以上の被害が発生すると予測されている。

今後は、事前対応から初動対応、緊急対応、復旧・復興対応といった災害対応の各段階において、防災上必要な機能が確保できるよう、骨格道路、情報通信施設、広域防災拠点の整備や住宅の耐震化、密集市街地の改善などを着実に進めるとともに、段階別の危機管理体制を充実させる必要がある。その際、官民の役割分担を適切に行う体制づくりや、地域を単位とした自助や共助のコミュニティの形成が課題となる。

これらの課題を解決することにより二〇六五年の首都圏は、都市インフラ全体の耐震性・耐火性が底上げされる。また、地域単位では地域の事情に応じた危機管理体制を備える防災拠点を核とした防災安全地域が形成され、広域的にも広域的防災拠点を核とした防災ネットワークが形成されるなど、高度な防災性を備えた都市となる。

（中井浩司）

＊総務省消防庁調べ（二〇〇〇年一月二日現在）

2065年における東京の

都市循環系システム

Layer-07

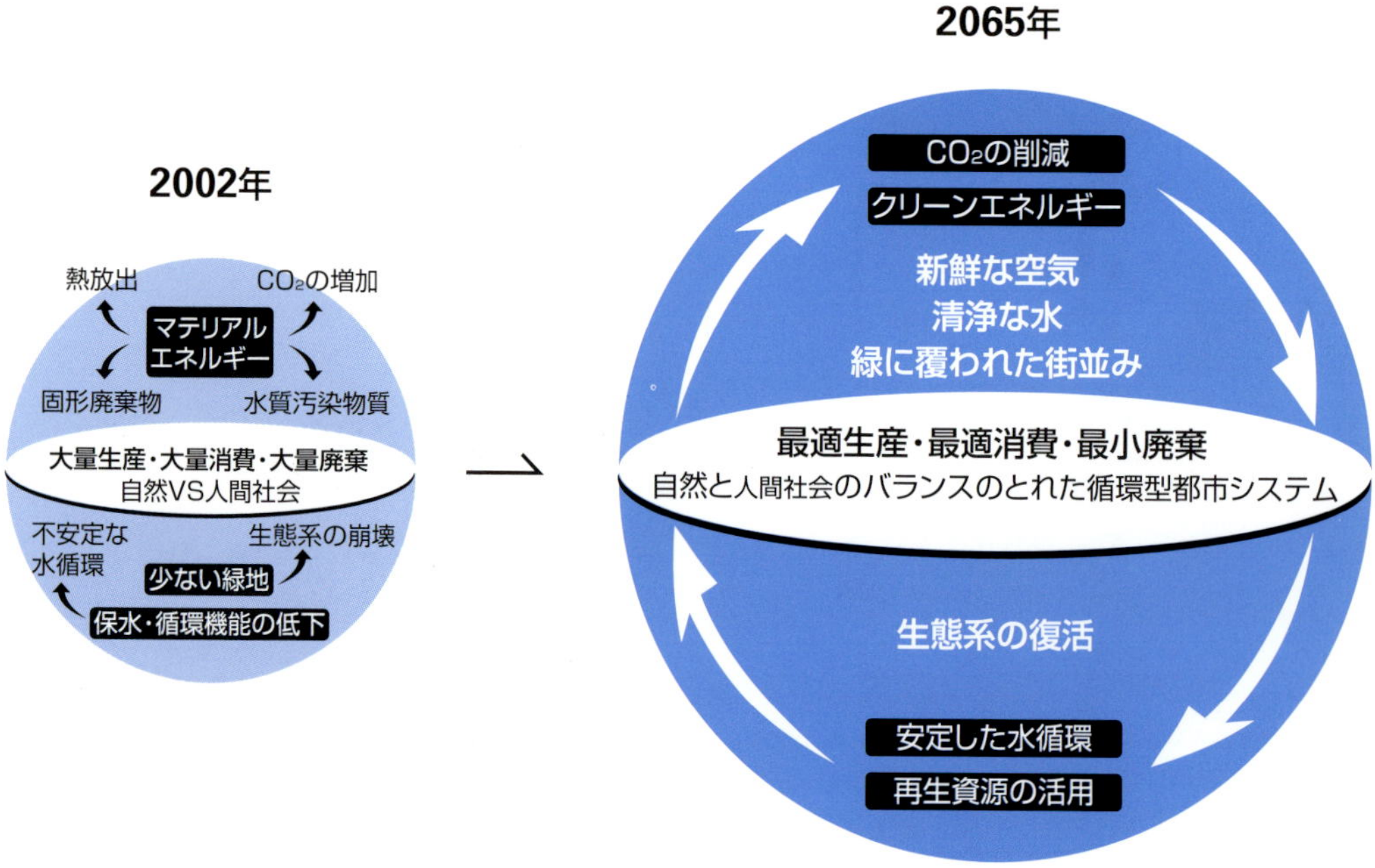

二〇六五年の東京は、世界の大都市に先駆けて、官民の協力のもと最適生産、最適消費、最小廃棄の社会システムを持つ循環型都市となる。

一八世紀の産業革命は、農耕社会に換わる工業社会を誕生させ、先進国を中心に多大な恩恵をもたらした。しかし、その実態は無尽蔵の化石燃料や農産物を前提とした大量生産・大量消費・大量廃棄の社会システムであった。二〇世紀後半になると、工業社会がもたらした豊かさは、物質的なものが中心であることが明らかになり、その成長にも陰りがみえてきた。工業社会の予期しなかった副作用として、まず都市環境に水質悪化や大気汚染などの重大な問題が現れた。そして現在では、フロンガス問題や地球温暖化問題に象徴されるように、地球規模の環境全体に現れ始めている。この工業社会システムを、持続的成長が可能なシステムへと転換していくことは、全人類に課せられた課題である。

都市は、これまで人・モノ・金（価値）を集積させ、生産・消費・廃棄活動の舞台として工業社会を牽引してきた。そして、今後進められる社会システムの転換にあたっても、都市は先導的な役割を果たさねばならない。明治以来、我が国の工業化を牽引してきた東京も然りである。まずは、最適生産、最適消費、最小廃棄の社会システムを構築する必要がある。具体的には、エネルギー供給システム、水の循環システム、廃棄物処理とリサイクルシステムなどの整備、また、モノを大事にする生活習慣や最適消費のライフスタイルへの転換など、自然と人間社会とが融合した循環型都市システムの構築が必要となる。

二〇六五年の東京では、世界の大都市に先駆けて、官民の協力のもと最適生産、最適消費、最小廃棄の社会システムを持つ循環型都市となり、都市生活者は利便性や効率性に代わる、ゆとりと潤いのあるライフスタイルが定着する。

（泉　裕喜）

2065年における東京の
交流系（観光）都市システム

Layer-08

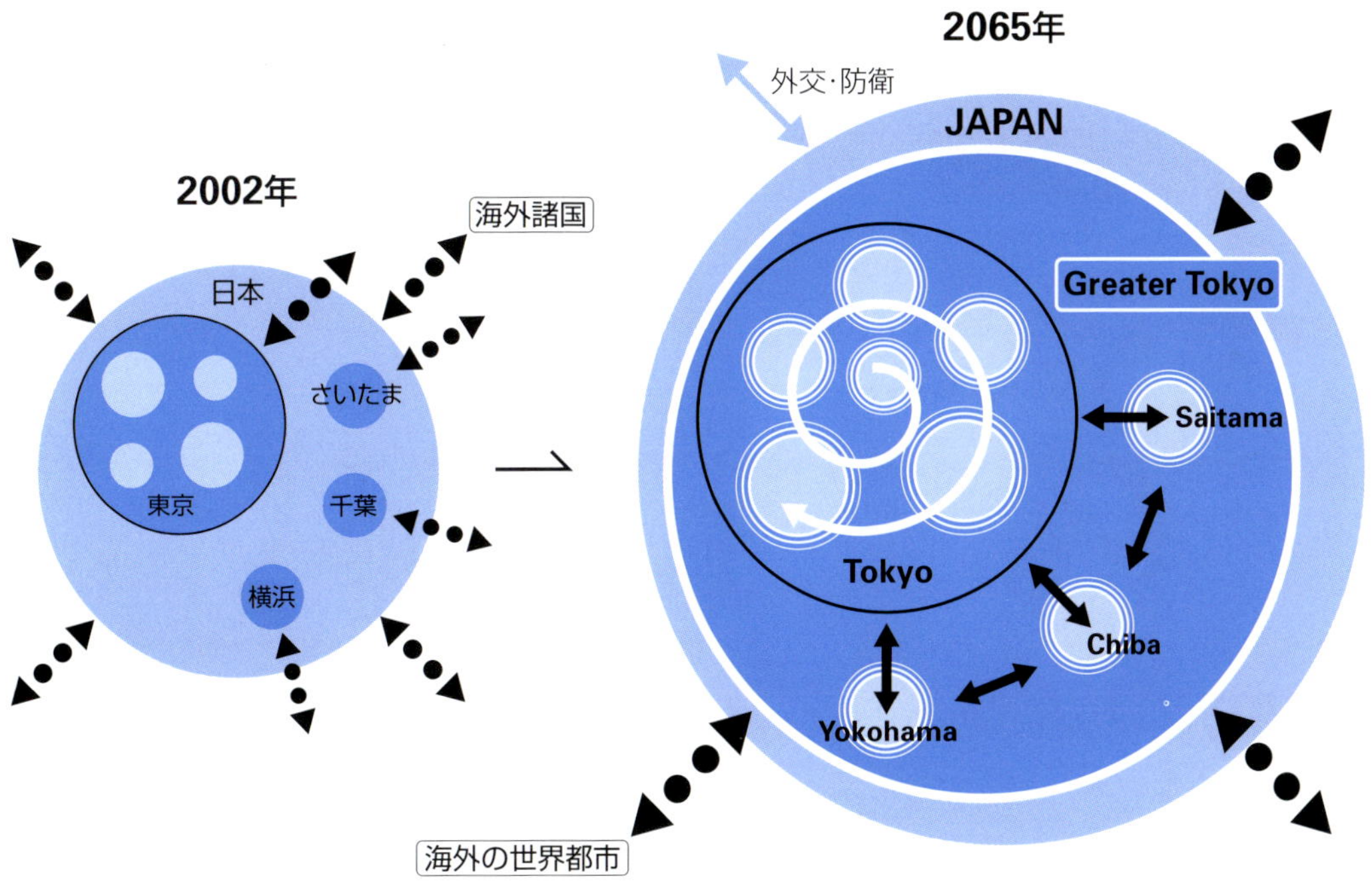

二〇六五年、海外との交流（人の交流）は、その中心を国から都市へと移し、東京を核とするGreater Tokyoは、グローバルネットワークの中で世界に影響を与える世界都市となる。

一八六九年のアメリカ大陸横断鉄道完成とスエズ運河開通を背景にジュール・ベルヌの小説『八〇日間世界一周』が生まれた。同時期、我に国おいても、明治政府により国際交流が始まったが、専ら産業と外交面の交流であり、一般国民には縁遠いものであった。

現代に引き継がれた我が国の国際交流は、開国からほぼ一〇〇年後の東京オリンピック（一九六四年）に始まる。昭和に入ってから三〇年余り観光を目的とした海外渡航は禁止されていたが、その年海外渡航が解禁されると同時に国際観光振興会が設立され、民間コンベンション・オーガナイザーも設立された。あわせて東京オリンピックを機に東京は大きく変化した。国立競技場など各種競技施設や住宅、大規模高級ホテルの建設、東海道新幹線の開通、首都高速道路、東京モノレールや地下鉄の建設など、高次の都市機能が東京に集中的に整備された。現在の東京の都市の姿を決定づける要素が出そろった。

それから一〇〇年後の二〇六五年には、都市と都市とのグローバルな交流が活発になっている。現在は、その過渡期に位置し、今後、国の権限の各都市、各地域への委譲が進み、都市や地域が自ら判断していく時代に入り、さらに企業やNGO、NPOなどの活動がますます国という枠組みを越えていく。その結果、国を介しての交流は、「外交・防衛」などの限定的な分野に限られていくと想像できる。すなわち、国家間交流ではなく、むしろ都市間交流がグローバルな舞台で繰り広げられる。グローバルなスケール感からすると、Yokohama, Chiba, Saitamaは、Greater Tokyoという一つの都市に包含され、多様かつ集積度の高いビジネスやエンターテインメントなどの整備によってGreater Tokyoは国際観光やコンベンションなどの人流面（集客性）において国際競争力が向上する。あらゆる場面であらゆる人々が世界中からTokyoを訪れることで新たな交流と自由闊達な活動が生まれる結果、街が活性化され、世界中に大きな影響を与える「グローバル・シティ」が形成される。

（藤本祐司）

2065年における東京の

産業業務系都市システム

Layer-09

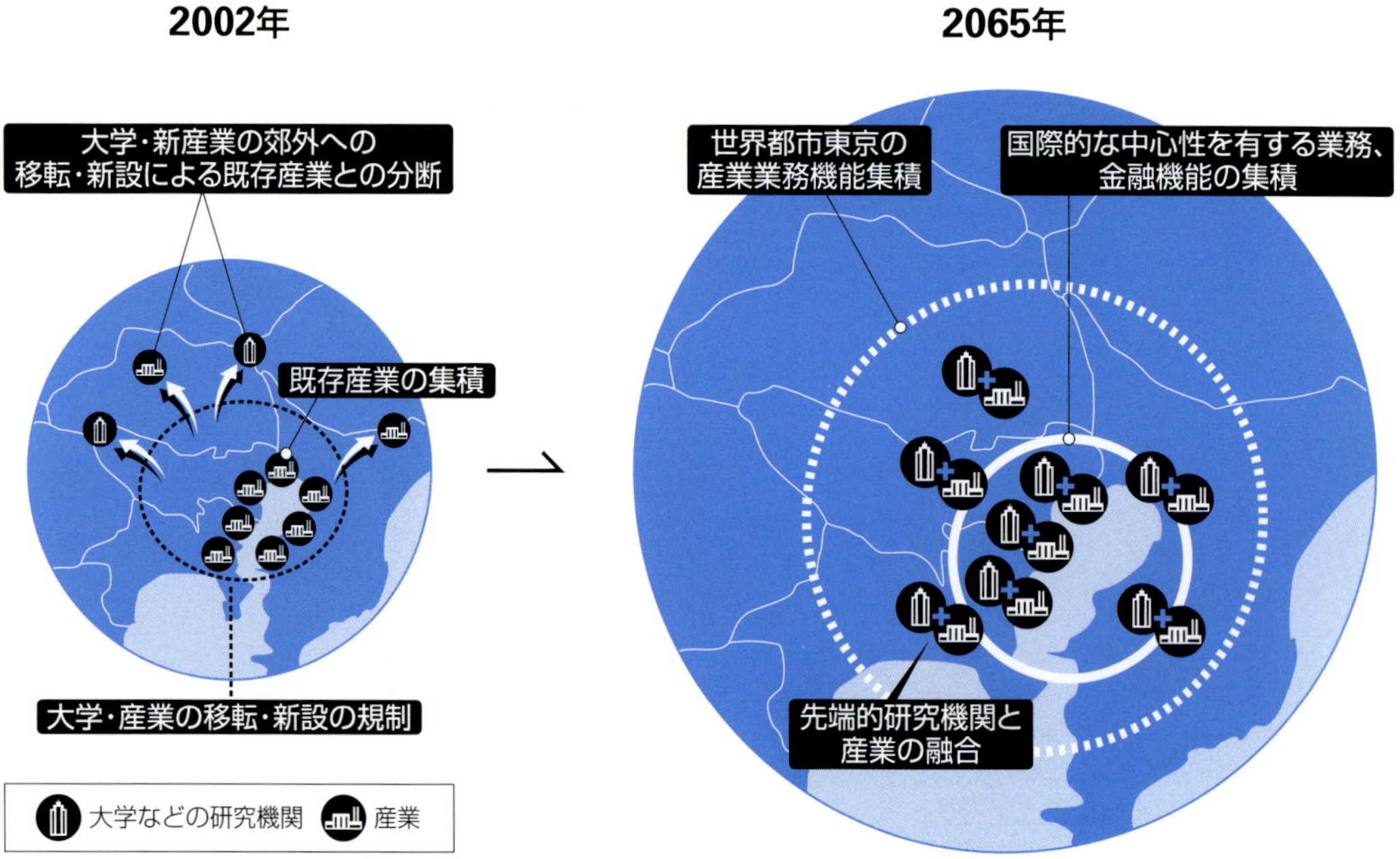

二〇六五年の東京は、大学などの先端的研究機関と製造業の融合により新しい技術が創出され、国際的な中心性を有する業務、金融などの連携により、新しい技術を生かして、社会をリードし、国際経済に強い影響を与える新産業が生み出される。

東京は、産業面において常に我が国の発展をリードしてきた。特に、高度経済成長期においては、東京をはじめとした三大都市圏への産業の集中が著しいことから、東京への生産機能の集中を抑制し、産業振興策を地方に重点配分する政策が長くとられてきた。しかし、我が国経済の停滞が長期化する中で、東京の製造業は急速に国際的な競争力を失い、産業のリノベーションが急がれている。

東京は、高度に集積する多様な産業をさらに発展させ、我が国の活力復活をリードする役割を担うべき地域である。このため、国際的な競争力を有し、今後の日本社会を牽引する新産業の創出が求められている。情報技術（IT）、微小工学（ナノテク）、生物工学・遺伝子工学（バイオ）など、次世代の新産業を生み出すと目されている分野は、技術開発や実用化研究において、高度に先端的な研究機関との連携が不可欠なものばかりである。このため、大学と産業の移転・新設を東京から閉め出してきた現在の政策を転換し、産業と大学などの先端的研究機関の空間的な一体性が確保されたコラボレーション環境の形成を図り、新産業の創出を促す施策を重点的に実施することが必要である。

一方、社会を牽引する新産業の創出は、最先端の生活文化や消費者ニーズを肌で感じることのできるマーケットのもとでこそ期待できるものである。また、新しい技術を有する企業を育成し、その製品やサービスを内外に普及させるためには、国際的な業務、金融などとの連携が不可欠である。こうした連携により、新産業の創出が促進されるとともに、ビジネスチャンス拡大による業務、金融などの機能の活性化が図られる。

こうした環境のもとで、今後の日本社会をリードし、国際経済に強い影響を与える新産業が絶え間なく生み出され、これを活力の源泉として国際的な中心性を有する業務、金融などの機能が集積する都市が、今後六〇年間の東京の都市づくりの目標である。

（大塚　敬）

2065年における東京の

居住系都市システム

Layer-10

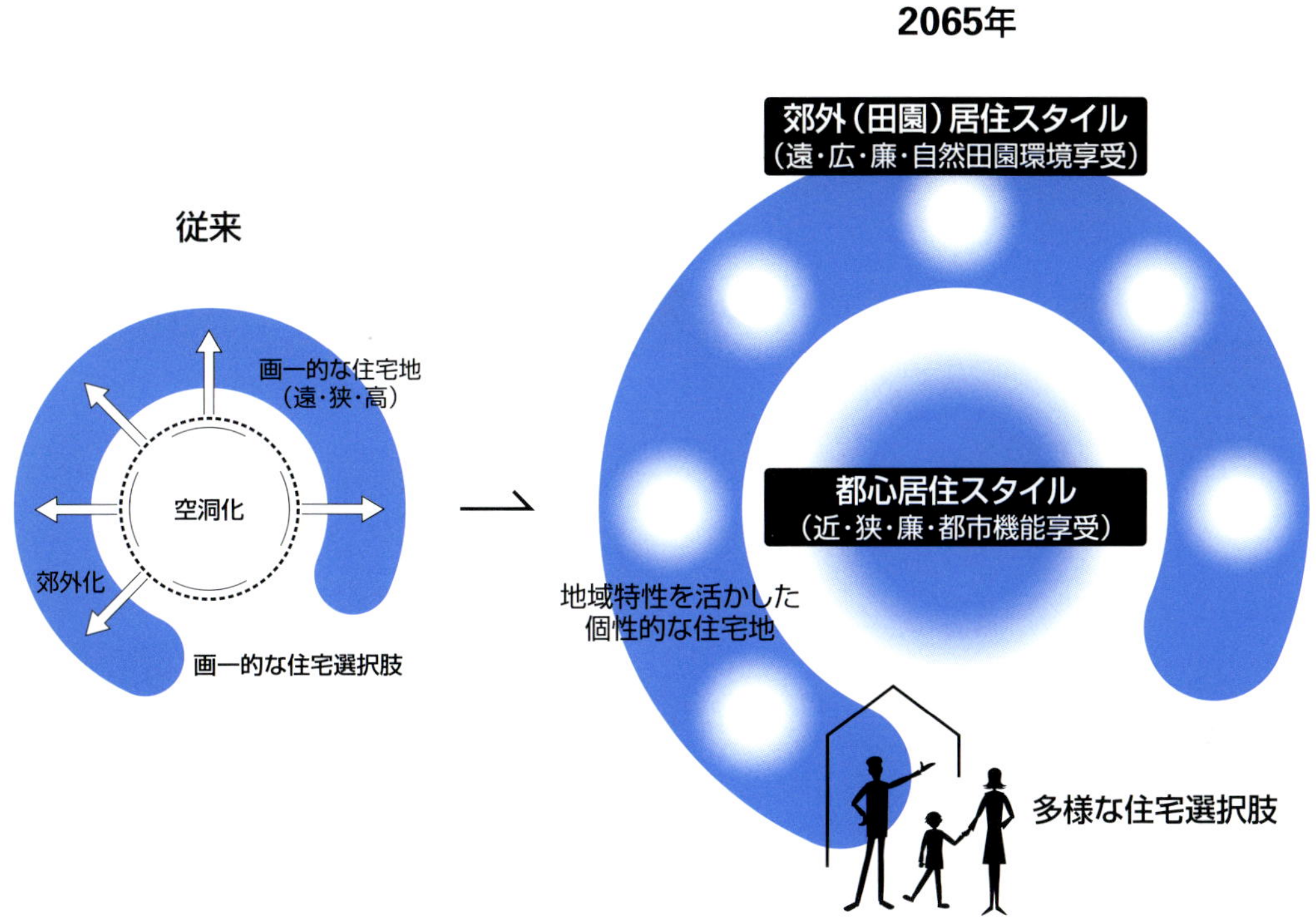

二〇六五年の東京には、都市の賑わいや集積のメリットを享受する都心居住スタイル、豊かな自然・田園環境とゆとりある生活を実現する郊外（田園）居住スタイルなどの多様な居住スタイルが実現する。そして、生活者は、自らのライフステージやライフスタイルに応じて、住宅を適切に選ぶことができるようになる。

戦後の住宅政策は「量の充足」が最大目標であり、一九七三年、ようやく全都道府県で住宅数が世帯数を上回った。しかし、次なる課題である「質の充実」には、成功していない。兎小屋に象徴される住宅の狭さや、「nLDK」という画一化された評価尺度、多くのサラリーマンの遠距離過密通勤は、現在も改善したとはいいがたい。

一方、高齢化の進行や女性の社会進出、情報化の進展や地球環境問題の台頭などを背景に、生活者の居住観、居住ニーズは多様化しており、既存の住宅ストックは、これらの多様な居住ニーズに対応しきれていない。また、高い流通コスト、未成熟な住宅流通市場などが、円滑な買い替えや住み替えの阻害要因となっており、住宅規模の面においては、住宅の広さと居住者数とのミスマッチが起きている。

二〇六五年、円滑に住み替えを行うことができる住み替えシステムと、地域性を反映した豊かな住宅ストックが形成されることなどにより、東京の都市生活者は自らのライフステージやライフスタイルに適した規模や様式の住宅を適切に選ぶことができるようになる。そして、都市の賑わいや集積のメリットを享受する「都心居住スタイル」と、豊かな自然・田園環境の中でゆとりある生活を実現する「郊外（田園）居住スタイル」という二つに代表される本格的な居住スタイルを獲得する。

（山本秀一）

社会参加（男女共同参画）システム

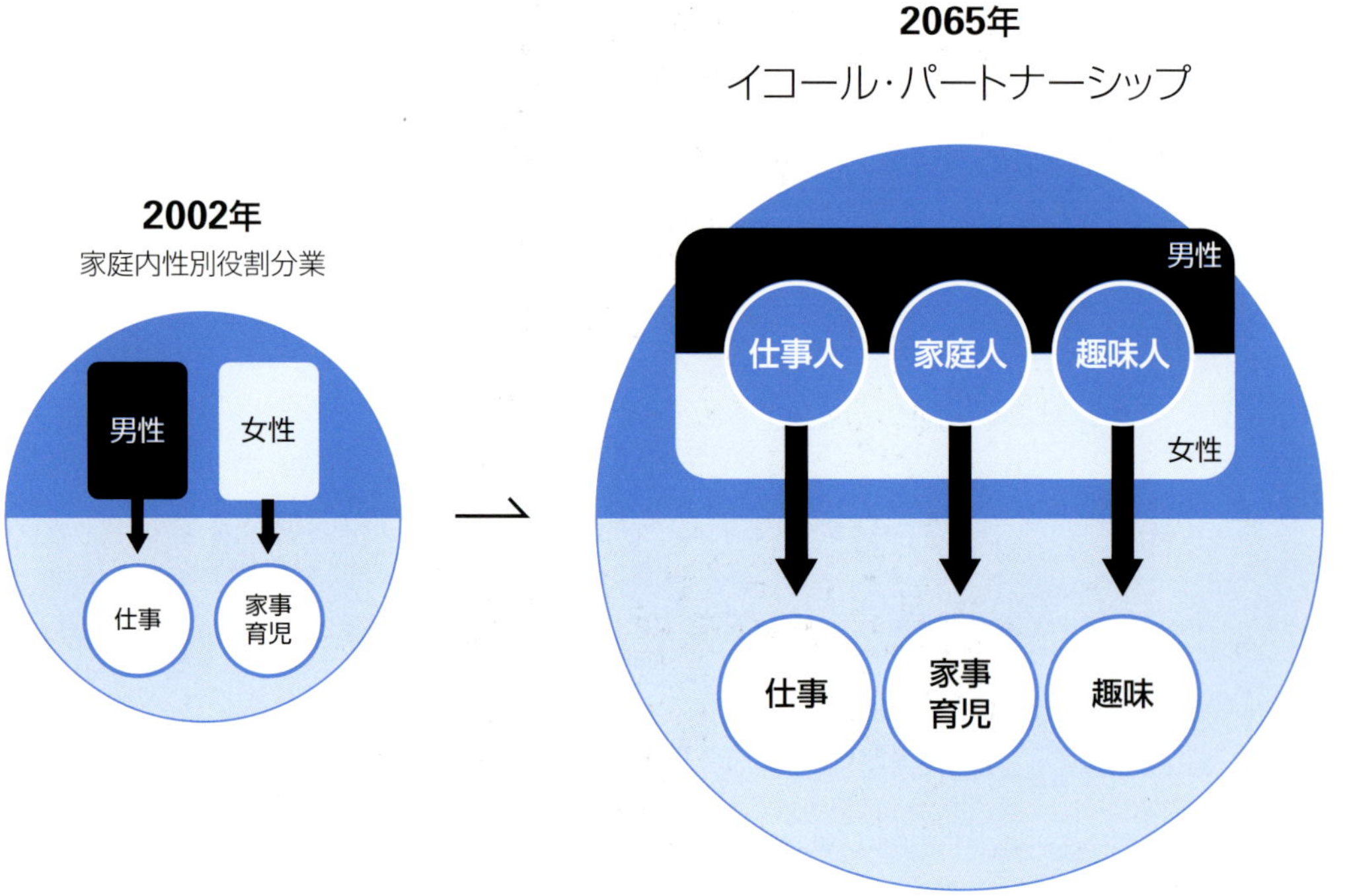

二〇六五年の東京は男女共同参画都市となる。また男性と女性のみならず、日本人と外国人、若者と高齢者などあらゆる立場がイコール・パートナーシップを築きあげる都市となる。

男女の性別役割分業は、背景となる社会経済システムや伝統文化に大きく規定されてきた。明治以降の農耕社会から産業（工業）社会へ移行する近代化路線の中で、「男性は仕事、女性は家事と子育て」という家庭内性別役割分業は、後発国日本が進める工業化、都市化を牽引する上での理想的分業体制であり、その後の未曾有の経済成長を遂げる上で重要な部分を担っていた。そして現在、我が国は生活の質を重視し、国際社会で一定の貢献を果たすなど、過去一世紀とは異なる成熟社会への道を歩もうとしている。

こうした中、近代化を担ってきた家庭内における男女の役割分業が、地域社会や職場など公的な領域に拡大され、ジェンダー（文化的・社会的につくられた性別）として深く人々の意識に定着したことが、現在の新しい社会体制に対する弊害と齟齬を生じさせることとなっている。そこで、我が国は一九九九年、男女共同参画社会基本法を制定し、男女が責任と利益を等しく分担し、あらゆる分野に参画することができる男女共同参画社会の実現にむけて、国をあげて取り組みを始めたところである。そのなかで、特に、女性の社会進出に伴い最大の障害となる子育てについて、総合的な支援を進めていくことが現今の喫急の課題となっている。

歴史的に根づいたジェンダー意識は、一朝一夕に変わるものではなく、学校教育などを通じ、長い時間をかけて意識変革に取り組む必要がある。あわせて社会制度改革を進めることによって、初めて男女共同参画社会が実現する。さらに、その後の成熟社会システムの動向によっては、男女が単に平等であるだけでなく、男女平等を前提とした全く新しい役割分担が生まれる可能性もある。

二〇六五年の東京は、我が国を牽引する男女共同参画都市を実現し、男女の立場を越えて共生する意識を育て、男性と女性のみならず、日本人と外国人、若者と高齢者など、あらゆる立場の人々がイコール・パートナーシップを築きあげる都市となる。

（宇於崎美佐子）

2065年における東京の

都市文化

Layer-12

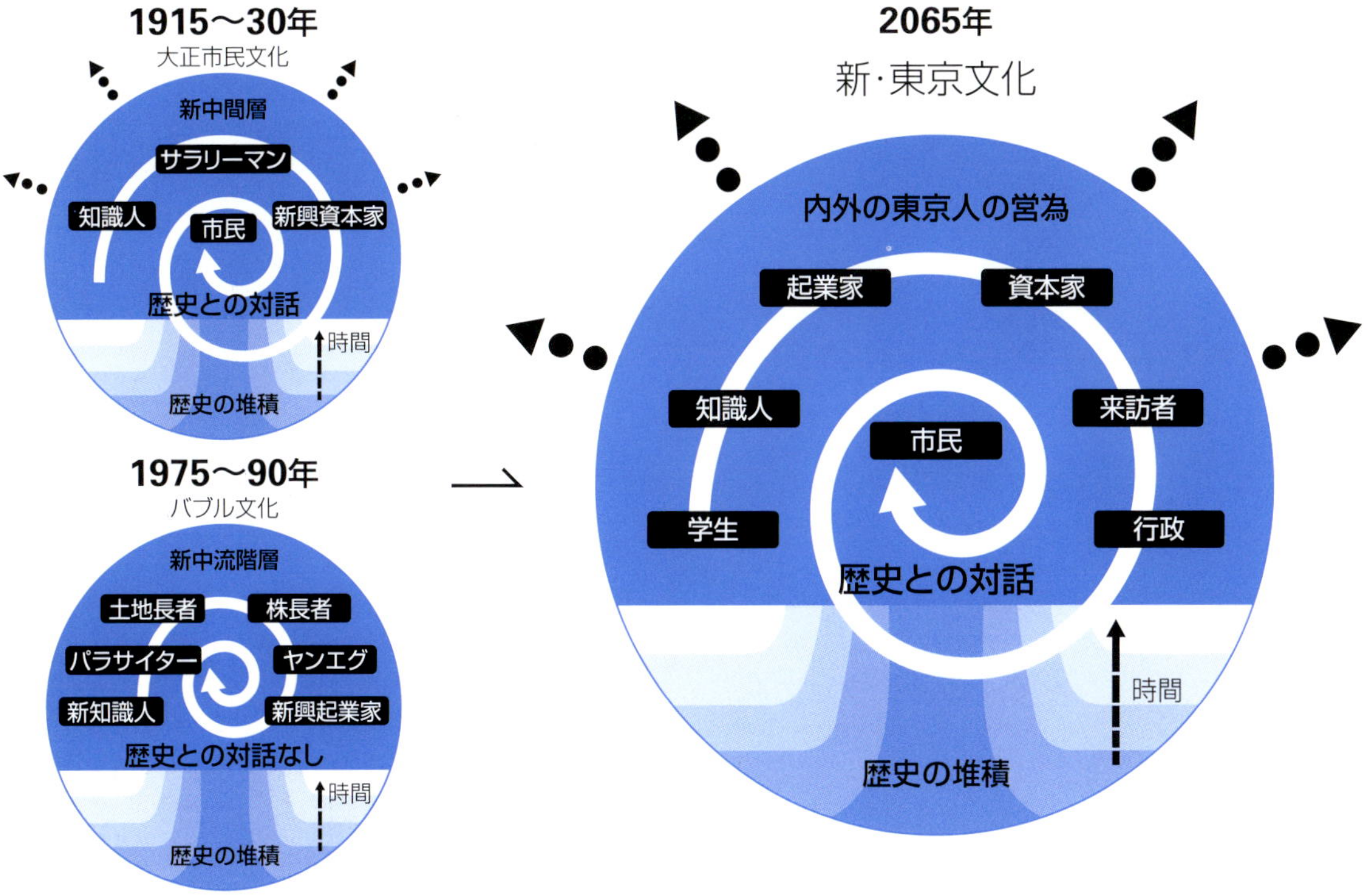

二〇六五年の東京には、市民をはじめ東京を舞台に活躍するさまざまな人々の相乗効果により、「東京の型」と呼ばれる独自の都市の様式が生まれ、内外に強い影響力を持つ都市となる。

江戸は化政文化に代表される「江戸の型」を持っていた。これは田沼期の軽妙洒脱な雰囲気と寛政期の奢侈禁止とが合わさり、表向きは質素に裏向きには華美をこらす、という独自文化であり、また町民のライフスタイルを貫く「粋」「通」といわれる精神でもあった。

その後、我が国は一転して近代化路線を進めていくが、混乱の中で「江戸の型」は失われた。ようやく、第一次大戦後、好景気を背景に大正市民文化が生まれた。これは、影響力は小さいながらも、新中間層による近代精神に彩られた全く新しい文化であった。

このように経済成長の後に、都市文化は発展する。戦後、我が国は未曾有の経済成長をとげた。今から思うに内外に誇りうる都市文化の生まれるチャンスであったが、土地・株長者等の新中流階層が中核となったバブル文化に象徴されるように文化らしい文化は生まれず、まして、都市の精神とも呼ぶべき「型」を持つに至っていない。

今後六〇年間で必ずや訪れる経済成長とその後の文化醸成期において、今度こそ「東京の型」を創りあげる必要がある。「東京の型」は、自立した市民をはじめ、東京で活動する内外の起業家・企業人・NPO・来訪者・新しいタイプの知識人等の「新東京人」が自発的、双発的に創りあげていくものである。このため、彼らが活躍する舞台が不可欠であり、本書で取りあげた階層別の都市づくりを着実に進めることが前提となる。さらに、東京は四〇〇余年の歴史都市でもあり、歴史に立脚することで唯一無二のオリジナリティが生まれ、そこから進取の精神も生まれる。このため、新東京人が容易に歴史と対話できる都市の仕掛けも必要となる。

「東京の型」は、今後六〇年間の都市づくりの最大目標である。

（丸田 一）

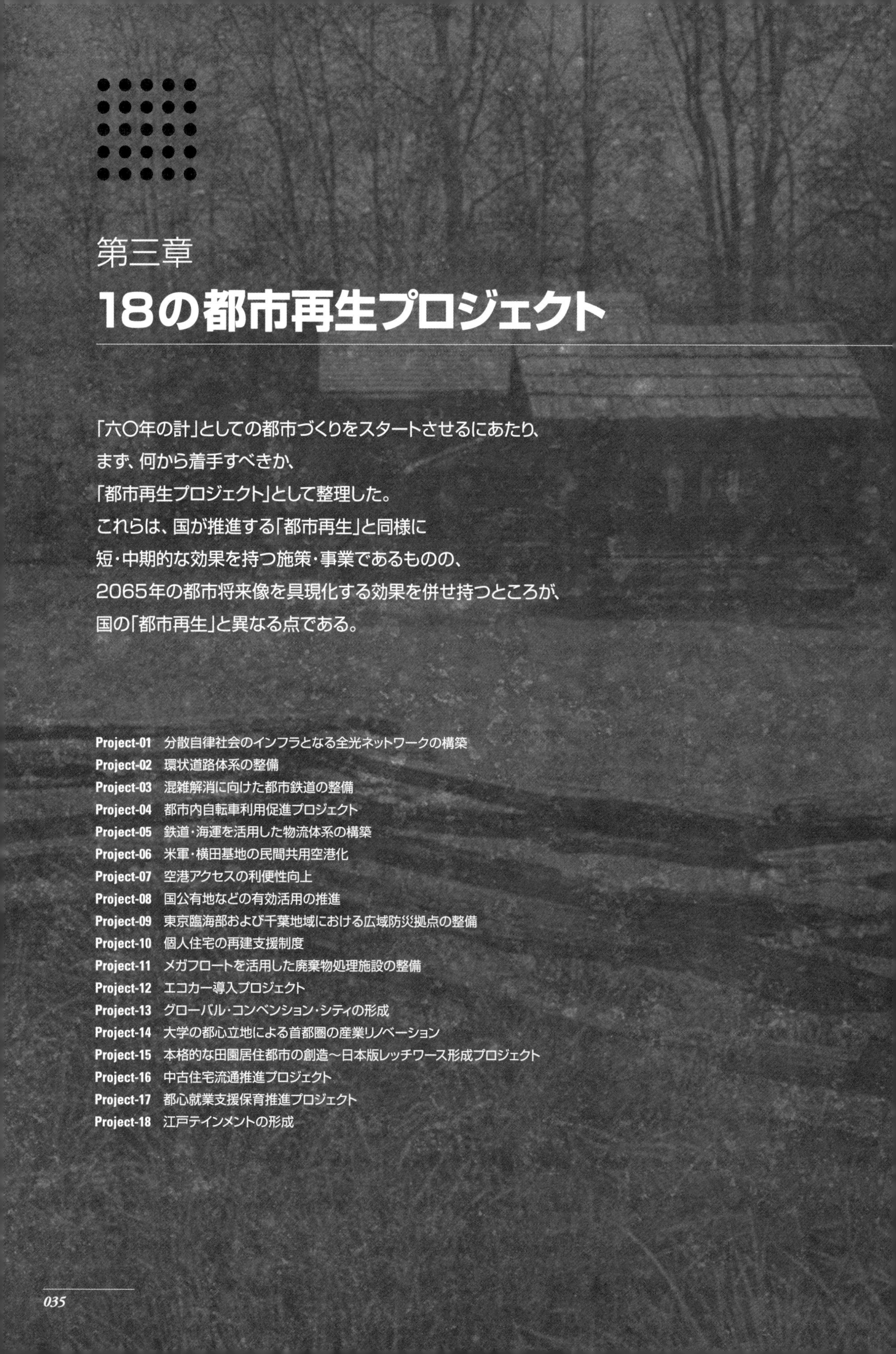

第三章

18の都市再生プロジェクト

「六〇年の計」としての都市づくりをスタートさせるにあたり、
まず、何から着手すべきか、
「都市再生プロジェクト」として整理した。
これらは、国が推進する「都市再生」と同様に
短・中期的な効果を持つ施策・事業であるものの、
2065年の都市将来像を具現化する効果を併せ持つところが、
国の「都市再生」と異なる点である。

Project-01　分散自律社会のインフラとなる全光ネットワークの構築
Project-02　環状道路体系の整備
Project-03　混雑解消に向けた都市鉄道の整備
Project-04　都市内自転車利用促進プロジェクト
Project-05　鉄道・海運を活用した物流体系の構築
Project-06　米軍・横田基地の民間共用空港化
Project-07　空港アクセスの利便性向上
Project-08　国公有地などの有効活用の推進
Project-09　東京臨海部および千葉地域における広域防災拠点の整備
Project-10　個人住宅の再建支援制度
Project-11　メガフロートを活用した廃棄物処理施設の整備
Project-12　エコカー導入プロジェクト
Project-13　グローバル・コンベンション・シティの形成
Project-14　大学の都心立地による首都圏の産業リノベーション
Project-15　本格的な田園居住都市の創造～日本版レッチワース形成プロジェクト
Project-16　中古住宅流通推進プロジェクト
Project-17　都心就業支援保育推進プロジェクト
Project-18　江戸テインメントの形成

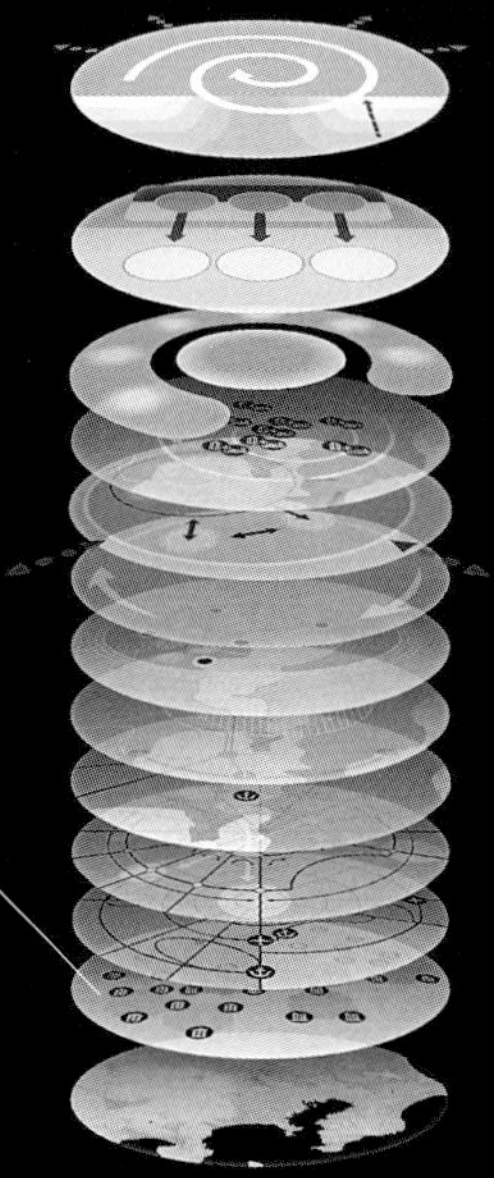

Layer-01　情報通信ネットワーク

分散自律社会のインフラとなる全光ネットワークの構築

インターネットを中心とする情報通信基盤は、
新しい社会インフラであり、
今後の社会構造のみならず
都市構造をも大きく変革する可能性を秘める。

Project-01

高橋 明子

I 都市の問題点と課題

分散自律型ネットワーク構築の必要性

インターネットは、一九六九年にアメリカ国防総省で分散処理を行うことを目的に誕生し、その後も研究者、技術者を中心とするボランタリーな組織が、ラフ・コンセンサスに基いて、試行錯誤の中から仕様をつくりあげてきたネットワークである。

インターネットは「ネットワークのネットワーク」として誕生した経緯からも明らかなように、その特徴は「分散自律」にある。しかし我が国の現在のネットワーク構造は、電話網を**ＡＴＭ**装置などを介し容量集積させ、データ通信に活用する「階層型」である。すなわち、ネットワーク構造およびその管理・運用面において、日本は従来の電話型の階層構造的な考え方からなかなか脱却できなかったといえる。

しかし近年、より大容量の回線に対する需要が高まるとともに、ＡＴＭなどの装置を介することなく、光ファイバにイーサネット・スイッチを直接接続する安価な広域ＬＡＮ（Local Area Network）が広がりつつある。イーサネットは複雑な処理を端末側で受け持つ**ＬＡＮ**の標準技術として発展したもので、広域ＬＡＮは分散型の構造を持つネットワークである。また、イーサネットは比較的単純な技術であるため次々と高速・広域伝送に対応し、現在では光ファイバを利用して数十キロメートルの到達距離を実現するとともに、二〇〇二年六月には一〇ギガの伝送速度が標準化される予定である。

アメリカでは、**ダークファイバ**の開放が早くから進展し、ＡＴＭはほとんど普及することなく広域ＬＡＮが浸透し、特にメトロエリアでは**ＭＡＮ**（Metropolitan Area Network）と呼ばれ多数のベンチャーがそのサービス提供に参入している。

日本においても、技術の進展や二〇〇一年に始まったダークファイバの開放を背景として、首都圏を中心に、ＩＳＰ（Internet Service Provider）事業者のバックボーン回線やデータセンターまでのアクセス回線を、イーサネットを基盤として接続するＭＡＮサービスが広がりつつある（表１）。

一方、一本の光ファイバに複数の光信号を通す**ＷＤＭ**（波長分割多重）など光ファイバの活用技術により、帯域は現在の汎用技術

表1 ● MANの整備

開始	提供企業	サービス名
1999.10	クロスウェイブコミュニケーションズ	広域LANサービス
2000.01	NTTコミュニケーションズ	ギガイーサプラットホーム
2001.03	NTT東日本	メトロイーサ
2001.04	パワードコム	Powerd Eternet
2001.05	NTT西日本	アーバンイーサ
2001.09	日本テレコム	Wide-Ether
2001.12	KDDI	Ether-VPNサービス

であるギガ（10^9bps）からテラ（10^{12}bps）、数年以内にはペタ（10^{15}bps）級に拡大される見通しである。光速は一定不変であり、通信速度を光速の限界まで高めるためには、広帯域化を推し進め、帯域の制限をなくすとともに、ネットワークを限りなくシンプルな構造で構築することが望ましい。

すなわち、今後の情報通信基盤においては、従来の電話網を高機能の集積技術により活用する複雑で高価なネットワークではなく、複雑な処理は端末側で受け持ち、広帯域の光ファイバをシンプルな技術で活用する、分散自律型ネットワークを構築していくことが課題である。

● 市場ニーズに基づくネットワーク整備

従来、公共が整備を推進してきた道路や鉄道などの社会資本と、情報通信基盤整備との最大の違いの一つは、情報通信基盤が原則として民間主導で整備される点である。その結果、現在の我が国の情報通信網の整備は、マーケットが成立しやすい都市部が突出し、その他地域との格差が広がる傾向にある。例えば、東京都区部をはじめとする首都圏地域では、ケーブルインターネット、ＡＤＳＬ、無線、ＦＴＴＨサービスなどが次々に開始され、数～百メガ（10^6bps）程度のブロードバンドサービスについては百花繚乱の状況にある。一方、地方の中山間地域等では、依然としてダイヤルアップ接続のみしか提供されていない地域も多い。

このように、市場原理に基づく情報通信網の整備は、当然の帰結として、都市部と地方とに格差を生んだ。

● 東京に一極集中する ＩＸ（Internet Exchange）

市場原理に基づく情報通信網整備の結果、東京には各種情報通信基盤が一極集中する状況となっている。ネットワークと並び重要な機能を果たす情報通信基盤に、ＩＳＰの相互接続点として、ＩＳＰ間の膨大なトラフィック交換を支える**ＩＸ**がある。日本のＩＸは、長い間大手町への一極集中が続いていたが、都心部におけるＭＡＮサービスの開始等により、安価な広帯域高速回線が手に入るようになったことから、既存ＩＸの分散化や新たなＩＸの整備が始まった（表2）。しかし、トラフィック量でみると、ＮＳＰＩＸＰ２が七・二ギガ（二〇〇二年三月現在、以下同じ）、ＪＰＩＸが九ギガ、大阪に設置されたＮＳＰＩＸＰ３が五〇〇メガと、圧倒的に大手町のＫＤＤＩビルに立地する二大ＩＸのトラフィックが多く、日本のインターネット情報は、東京大手町への一極（一点）集中が続いている状況である。

● ＩＸ一極集中の問題点

こうしたＩＸの東京一極集中については、情報通信審議会（平成一三年諮問第三号中間答申、二〇〇一年七月）においても、地域内で完結するトラフィックが東京を経由することの非効率性、東京大手町に我が国の二大ＩＸが集中することによる危機管理面での問題、ＩＸの過負荷などが指摘されている。

表2 ● 三大都市圏のIXの設置状況

設置	場所	名称	運営者
1994.04	神田神保町	NSPIXP（現在運用停止）	WIDEプロジェクト
1996.10	大手町	NSPIXP2	WIDEプロジェクト
1997.10	大阪（福島）	NSPIXP3	WIDEプロジェクト
1997.10	大阪（難波）	NSPIXP3	WIDEプロジェクト
1997.11	大手町	JPIX	日本インターネットエクスチェンジ（株）
2000.12	江東区青海	JPIX（分散配置）	日本インターネットエクスチェンジ（株）
2001.04	名古屋	JPIX（分散配置）	日本インターネットエクスチェンジ（株）
2001.05	大手町	JPNAP	インターネットマルチフィールド
2001.06	品川、虎ノ門、六本木等	NSPIXP2（分散配置）	WIDEプロジェクト
2001.07	平和島、品川	Pihana IX	ピハナパシフィックジャパン
2001.12	大阪（福島）	JPNAP	インターネットマルチフィールド

II プロジェクト

1 プロジェクトのあらまし

● 都市部におけるMAN整備の推進

東京の競争力を高め、分散自律型のネットワークを構築するため、都市部でのMAN整備を促進する。

ただし、インターネットは、ボランタリーな組織が、ラフコンセンサスに基づき、試行錯誤のなかから仕様をつくりあげてきたネットワークであり、国をはじめとする公共の関与を是としない（必要としない）発展の経緯を持つ。また、MAN整備は、各国において最も需要の集中する大都市圏で展開される基盤整備である。従って、国などの公共セクターには、自らインフラ整備を行うのではなく、MAN構築のための環境を整備していくことが求められる。

国の果たすべき役割

MAN構築にあたり、国や公共セクターに求められる役割は、技術開発支援、標準化（ルールづくり）支援、規制緩和による競争環境確保の三点である。

【役割1】―技術開発支援

一本の光ファイバに複数の光信号を通すWDM（波長分割多重）により、現在一本の光ファイバでテラ級の速度が実現されており、今後五～一〇年以内にバックボーンはペタ級に引き上げられるなど、帯域の爆発的な拡大が進展する見込みである。他方イーサネットは、現在一〇ギガの仕様が標準化の最終段階にあるが、すでに一〇〇ギガのスイッチを開発した機器ベンダーが登場している。

国は、こうした最先端の技術開発を支援していくことが必要である。その際、帯域をさらに拡大し、複雑な電子信号を一切排した全光ネットワークの構築やそのための光スイッチの開発など、光速限界の通信速度を持つ、次世代のネットワーク構築を視野に入れた技術開発支援を行う。

【役割2】―標準化（ルールづくり）への貢献

イーサネットはLANの技術として発展してきたため、「伝送距離が短い」「障害管理機能が弱い」などの問題が指摘されているが、距離については一〇ギガで四〇キロメートルの規格が二〇〇二年六月、障害管理機能としてはRPT（Resilient Packet Transport）と呼ばれる障害回復を図る仕様が二〇〇三年に標準化される見込みである。さらにIEEE（Institute of Electrical and Electronics Engineers：米国電気電子技術者協会）では、イーサネットの高速化を四〇、一〇〇、一六〇ギガなどを候補に検討している。

イーサネットに限らず、ネットワーク技術の標準化について、米国標準が世界標準となる状況を改め、日本にとってもメリットのある技術の普及を図るため、国は標準化策定に参加する企業や団体を支援することが必要である。現在は、各種国際会議への出席も民間企業および技術者のボランティア的努力で行われている側面があり、技術標準やルールを確立する世界的な動きに、日本の技術者がより一層積極的な貢献ができるような環境を整える必要がある。

【役割3】―適正な競争環境の確保

情報通信基盤整備において国が果たすべき役割としては、市場やユーザが、将来性の高い技術、サービスを育成、選択することができるよう、適切な競争環境を確保することも非常に重要である。

日本では、ダークファイバの開放が遅れたため、ATMなどの容量集積型のネットワークを利用したり、既存の回線を活用して仮想的な閉域網を構築するIP-VPNサービスがかなりの市場シェアを持つに至っている。他方、早くからダークファイバ開放が進展したアメリカでは、前述のメトロエリアのMANをはじめ、圧倒的に広域LANが普及している。日本においてもダークファイバの開放を契機として、広域LANサービスが本格化し、IP-VPNから広域LANへの移行を容易にするサービスメニューをそろえる事業者も現れるなど、今後は、広域LANが主流となるといってほぼ間違いない。

二〇〇一年一一月には電気通信事業法の一部が改正され、一二月には「IT革命を推進するための電気通信事業における競争政策の在り方について」の第二次答申案が公表されるなど、情報通信基盤の寡占状況を排除するための取り組みが進められているが、今後も一層の競争環境の確保につとめ、将来性の高い技術、サービスを、市場が適切に選択できる環境を確保することが国の使命である。

地方における情報通信基盤整備の支援

大都市圏以外の地域においては、現在の需

要水準では、民間による情報通信基盤整備が期待できず、都市部との格差拡大が現実の問題として起こりつつある。こうした問題に対処するため、都道府県単位で、公共によるいわゆる「地域情報ハイウェイ」の整備が進展しつつある。また国も「全国ブロードバンド構想」（二〇〇一年一〇月、総務省）において、民間事業者による整備が進まない条件不利地域については、デジタル・ディバイドを防止する観点から、国・地方公共団体による公的整備が必要としている。

このように短期的には、地方圏においては公共によるインフラ整備により、民間サービスが成立する市場を一刻も早くつくりあげることが必要である。

2　期待される効果と影響

イーサネットを活用した広域LANを整備することにより、企業は安く、簡単に、離れた拠点間をあたかも一つのLANのように高速利用することが可能となる。さらに、都市全体をカバーするMANを構築することにより、IXの大手町一極集中の緩和や、インターネットへの高速アクセスを確保するためIXの近くに立地していたデータセンターやISP施設の分散配置を進展させることが期待できる。

すなわち、都市部に超高速ネットワークとしてMANを整備することにより、その情報通信基盤をIXやデータセンターなどの「点」ではなく、それらの機能をつないだ「面」とし、都市全体をLANのクラスター（集合体）として機能させることが可能となる。結果としてMANは、都市部の企業間取引を活性化させ、東京の国際競争力を高める。さらに長期的には、広帯域のネットワークをシンプルな技術で活用するMANの構築は、分散自律型の全光ネットワークへの移行にもつながるものである。

3　実施上の留意点

国の役割は、自らがインフラを構築することではなく、市場が適切なサービスをいち早く利用できるよう、環境整備を行うことである。技術開発や技術の標準化を行う際にも、ITの技術革新が著しいことから、あくまでも意思決定は市場や技術者に委ね、国はその支援に徹することが重要である。

III　リーディングプロジェクト

国の役割は、将来の全光ネットワークの構築に向け、適正な市場が育つよう、その側面支援を行うことであるが、**つくばエクスプレス**沿線に生まれる首都圏最後の大規模開発地域を舞台に、そのモデル事業を展開することを提案する。

つくばにおけるデータセンターおよびIX整備

筑波研究学園都市では、研究都市内の研究機関を一〇ギガのアクセスリングネットワークで結ぶ、つくばWAN（Wide Area Network）が二〇〇二年三月に稼働した。これは研学都市に点在するスーパーコンピュータ、大規模データベース、高度なシミュレーションソフトウェアを先駆的に活用した、共同研究を行うネットワークである。

そのほかにも研究学都市には、二〇〇五年度に開業予定のつくばエクスプレスの整備に伴い、つくばから秋葉原までの沿線に光ファイバが整備されるほか、茨城県の「茨城県情報通信基盤」が整備される。

そこで、つくばWANを茨城県情報通信基盤およびつくばエクスプレス沿線光ファイバと接続し、一部を一般に開放することにより、東京、つくば、茨城県内を接続する高速ネットワークを構築する。また、スーパーコンピュータを接続するつくばWANを有効活用していくため、大容量のストレージ機能を有するデータセンターを整備し、これを地域IXとしても活用する。さらに、同県ひたちなか地区に、海底ケーブルの陸揚げポイントがあることから、つくばWANのコンテンツ、秋葉原との連携、県内ネットワーク整備を活かし、東京に一極集中したグローバルIXの危機管理拠点として、つくばの位置づけを高めていくことを検討する。（図5参照）

つくばエクスプレス沿線におけるCANの構築

二〇〇五年度に開業予定の常磐つくばエクスプレスの整備に伴い、つくばから秋葉原までの沿線地域に光ファイバが整備されるとともに、約三万戸の新規住宅が整備される予定である。

新規住宅整備地区に、自治会単位でのLAN（CAN :Community Area Network）を整備し、自治会LANを相互に接続しあう分散型のネットワーク構築のモデル地域を創出する。

以上のように、今後は分散自律型の新しいネットワークを、民間主導で構築していくことが強く求められている。国の果たすべき役割は、適正な競争環境の確保、技術標準の確立支援など、市場の審判としての役割である。

図5 ● つくばWAN

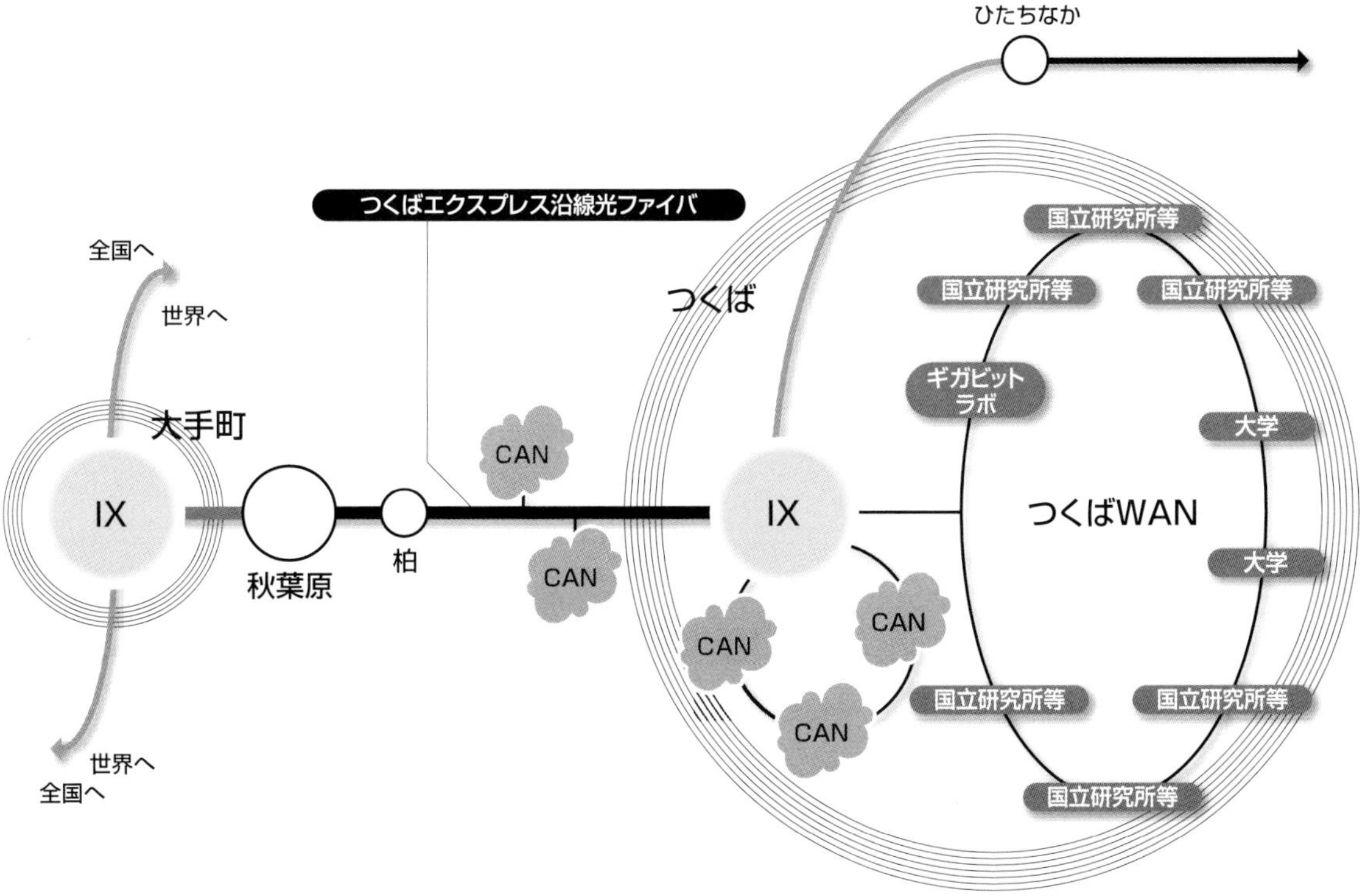
ひたちなか
つくばエクスプレス沿線光ファイバ
全国へ
世界へ
大手町
IX
秋葉原
柏
CAN
CAN
つくば
IX
CAN
CAN
CAN
国立研究所等
国立研究所等
国立研究所等
ギガビット
ラボ
大学
つくばWAN
大学
国立研究所等
国立研究所等
国立研究所等
世界へ
全国へ

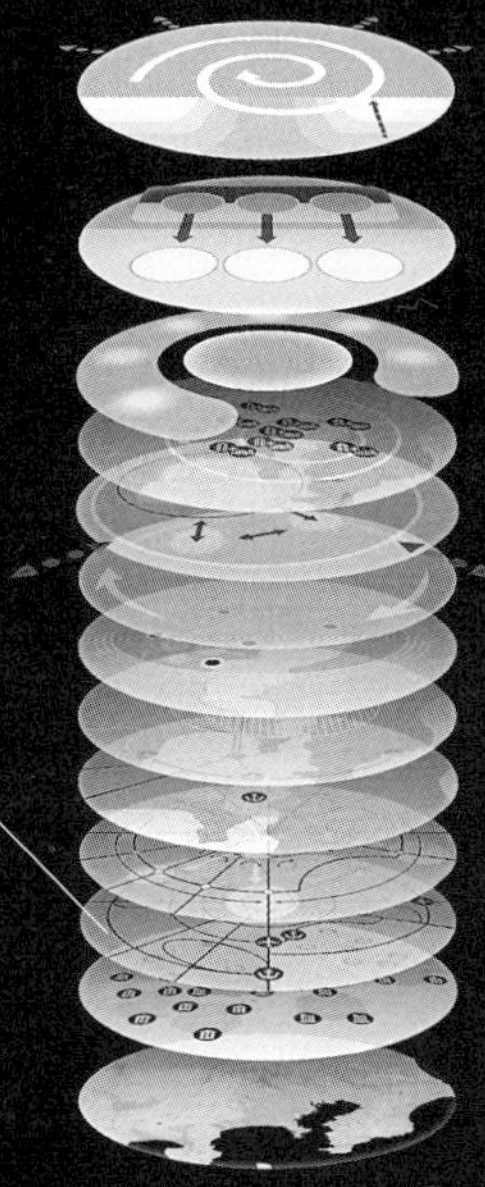

Project-02

環状道路体系の整備

環状道路網は、
将来にわたって首都圏道路ネットワークの骨格を成すものであるが、
構想から三十余年を経て、いまだ実現のメドが立たない区間すらある。
早期実現に向けて、整備のさらなる重点化や計画の柔軟な見直しが必要である。

原田 昌彦

I 都市の問題点と課題

東名高速以南を中心とした環状道路網整備の遅れ

首都圏においては、放射道路網と比較して**環状道路**網の整備が遅れているため、自動車交通が都心部に集中し、慢性的な交通渋滞を招いている。

その抜本的な対策として、環状道路網の整備が懸案となっており、政府の「都市再生プロジェクト」として「環状道路体系の整備」が決定している。

事業中区間の整備推進により、関越道以東については、二〇〇七年度までに中央環状線と外環が全通し、環状機能が大幅に強化される見込みである。

関越道〜東名高速間についても、中央環状線と圏央道が同時期までに全通予定である。

しかし、最も整備効果が大きいと考えられる外環（関越道〜東名高速）は、建設反対運動の高まりを受けて一九七〇年以来三〇年にわたって事業が凍結されており、二〇〇〇年になってようやく住民団体との話し合いが再開された。一般に、都市計画決定から外環の供用まで十数年程度を要するため、外環の供用は二〇一三年度以降となる可能性が高い。

整備が最も遅れている東名高速以南については、中央環状品川線が都市計画決定待ち、外環（東名高速以南）に至っては全区間未着手の状況にあるなど、環状機能が確保される時期のメドが立っていない。

早期実現に向けた対応の必要性

このように整備に長期間を要する要因としては、既成市街地を通過することが多いため住民の合意形成が容易でないこと、郊外部では貴重な自然を保全する観点からの反対運動が強いこと、いずれの区間も地下やトンネルの区間が多くなるため建設費が膨大になることなどがあげられる。

環状道路網の早期整備を実現するためには、各関係者の円滑な合意形成、環境破壊の少ないルート・工法の採用、整備の重点化が必要である。

実情に応じた整備計画の柔軟な見直し

環状道路に関連する「都市再生プロジェクト」

【大都市圏における環状道路体系の整備（東京圏）】

◎ 首都圏三環状道路（首都圏中央連絡自動車道：圏央道、東京外かく環状道路：外環、中央環状線）のうち、事業中区間（圏央道西側区間、外環東側区間、中央環状線三号線以北区間）の整備を積極的に推進し、平成一九年度までに暫定的な環状機能を確保

◎ 外環（関越道〜東名高速）については、現計画を地下構造に変更し、これに伴う都市計画の変更に向け、関係者間の調整を促進

◎ 整備が最も遅れている東名高速以南について、環状機能の早期確保に向け、中央環状品川線の都市計画決定等、計画を具体化

◎ 横浜環状線北側区間と東名高速との接続区間の都市計画決定を早急に実現

東名高速以南の三環状道路が全く開通していない中で、東名・横浜町田インターチェンジから保土ヶ谷バイパスを経て、首都高速狩場線経由で同湾岸線に至るルートや、横浜新道・首都高速三ツ沢線経由で同横羽線に至るルートが、暫定的な環状機能として利用されている。これらは「都市再生プロジェクト」の対象となっておらず、特に保土ヶ谷バイパスは都市再生本部資料に表記すらないが、いずれも四～六車線の自動車専用道路である。このほか、東名高速以南では、横浜環状線北側区間も事業中である。

こうした実態を踏まえ、東名高速以南については、首都圏三環状道路にとらわれず、早期に環状機能が確保・強化されるよう柔軟に整備計画を見直すことが必要と考えられる。

II プロジェクト

1 プロジェクトのあらまし

● 基本的な考え方

「都市再生プロジェクト」において二〇〇七年度までに整備するとされている区間は、目標達成に向けて事業を推進する。

それ以外の区間では、外環（関越道～東名高速）の早期整備と、東名高速以南の環状機能の早期強化を実現するため、計画の見直しを行う。

このうち、外環（関越道～東名高速）については、すでに調整に入っている地下構造への変更に加え、環状八号線地下ルートに変更し、早期着工を図る。

東名高速以南については、中央環状品川線の建設を促進するほか、他の環状道路網と比較して大幅な整備の遅れが確実な外環（東名高速以南）の代替ルートとして、早期実現が可能な横浜環状線北側区間および既設の第三京浜を活用する。実質的に環状機能を担っている保土ヶ谷バイパスルートについても、ボトルネック区間の解消など必要な対策を講じる。

また、高速道路における渋滞発生要因の一つである料金所渋滞を解消するため、ＥＴＣ（Electronic Toll Collection System：ノンストップ自動料金支払いシステム）の普及促進策を強化する。

● 環八地下を活用した外環（関越～東名高速）建設

外環（関越道～東名高速）は三〇年間にわたる事業凍結の解除に向けた取り組みが進められているが、現行ルートでは地下構造に変更しても合意形成や用地買収に長期間を要すると考えられることから、これを環状八号線（環八）地下ルートに変更する。

建設中の中央環状新宿線は山手通りの地下ルートとする際、幅員確保のため大規模な用地買収が必要となったが、外環（関越道～東名）では新技術を活用することで、基本的に現在の環状八号線の幅員を拡幅せずに建設することが可能である（詳細はリーディング

図6 ● 新たな環状道路体系の整備内容案

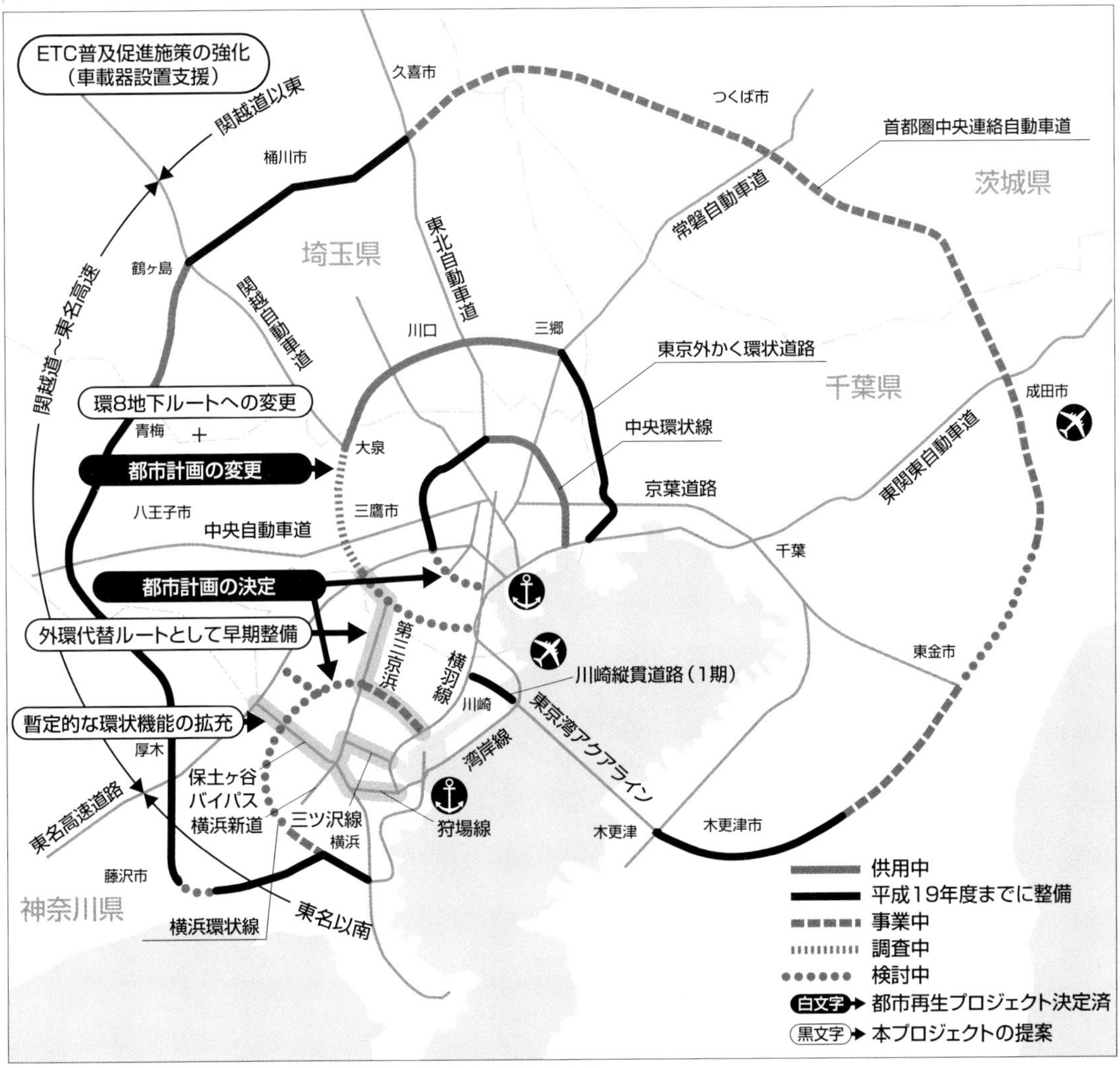

プロジェクトを参照)。

外環(東名高速以南)代替ルートの整備促進

横浜環状線北側区間は、すでに都市計画決定済みであることに加え、将来は首都圏の副次的な環状道路網を構成する横浜環状道路の一部としても活用できることから、外環(東名高速以南)の代替ルートとして、なるべく早い段階での供用をめざし、整備を促進する。外環と第三京浜の接続は、環八地下ルートの外環(関越道～東名高速)をそのまま約三キロメートル延長することで可能である。

「都市再生プロジェクト」では、同区間と東名高速との接続区間の都市計画決定を急ぐとしているが、これよりも、第三京浜～外環ルートの方が効果的で優先度が高いと考えられる。

なお、長期的には、外環の第三京浜以南も整備する必要があるが、その際には、一期整備区間が建設中の川崎縦貫道路の活用も視野に入れる必要がある。

ETC普及促進策の強化

現在、ETCの普及促進のため、期間限定で二〇%の通行料金割引制度(最大で一公団につき一万円まで)が実施されているが、車載器自体が三～五万円と高価なため、一般ドライバーには利用メリットが少ない。このため、車載器購入に対する支援策もしくは車載器のデポジット制導入により、ETCの普及を強力に推進し、料金所渋滞の解消を図る。

2　期待される効果と影響

環状道路体系整備効果の早期発現

環状道路体系が早期に実現し、交通渋滞が解消することにより、時間短縮による利便性の向上、二酸化炭素排出量の削減、沿道環境の改善などの効果が早期に発現し、工期短縮による整備費用削減も図られる。外環(関越道～東名高速)整備による経済効果は年間約三〇〇〇億円と試算されている。

二〇六五年を見据えた副次的環状道路網の形成

代替ルートとして整備する横浜環状線北側区間は、将来は横浜環状道路の一部にもなり、首都圏三環状道路に加え、横浜、千葉、さいたまなどに形成すべき副次的な環状道路網としても活用される。

3　実施上の留意点

合意形成システムの高度化

外環(関越道～東名高速)の整備においては、三〇年間にわたって事業が凍結された経緯があるが、過去の経緯を踏まえ、計画策定の初期段階から住民の意見を反映させる**パブリックインボルブメント**(PI)の考え方を取り入れた、新しい検討方法が取り組まれている。他区間も含め、今後整備を進めようとする区間では、円滑な合意の形成に向けたシステムの高度化を図っていく必要がある。

4　プロジェクト概算費用

外環(関越道～東名高速)の事業費は明らかにされていないが、他区間の事例から推測すると、現行ルート案、環八地下ルート案とも一兆円強と見込まれる。横浜環状線北側区間の事業費は四一七〇億円とされている。

主な施策・事業

◎ 環状八号線地下ルートによる外環（関越道～東名高速～第三京浜）の建設（都市計画変更含む）
◎ 横浜環状線北側区間の早期整備（第三京浜を経由して外環と接続）
◎ 中央環状品川線の都市計画決定および早期整備※
◎ 横浜環状線北側区間と東名高速との接続区間の都市計画決定※
◎ 圏央道西側区間、外環東側区間、中央環状線三号線以北区間の整備推進※
◎ 実質的に環状機能を担っているルート（保土ヶ谷バイパスルート）のボトルネック解消
◎ ETC普及促進策の強化（車載器設置に対する支援策）

（※は「都市再生プロジェクト」と同一）

Ⅲ。リーディングプロジェクト

環状八号線地下ルートによる外環の建設

本プロジェクトは、外環（関越道～東名高速）の現行ルート案を環状八号線地下ルートに変更した上で、東名高速～第三京浜を延伸して整備するものである。具体的なルート・工法は、ジャーナリストの清水草一氏が提案しているものが参考となる。

まず、ルートは、関越道・外環の大泉ジャンクションから関越道練馬インターチェンジ付近を経て、環状八号線地下を南進し、途中、中央高速および東名高速と接続して、第三京浜に至るものである。

工法としては、川崎縦貫道路や中央環状線の一部で導入されているＭＭＳＴ（マルチマイクロシールドトンネル）工法という新工法を採用することにより、上下線を上下二段に重ねた形で環状八号線を拡幅せずに外環を建設することが可能となる。

● 環八地下ルートのメリット・デメリット

「都市再生プロジェクト」でも想定されている地下方式への変更により、高架方式や半地下方式と比較して、施工時および完成後の沿道環境への影響が大幅に少なくなる一方、事業費は非常に大きくなる。

さらに、これを現行ルートから環八地下ルートに変更すると、インターチェンジやジャンクションの周辺を除いて用地買収がほとんど不要となるため、供用開始時期を大幅に早めることが可能と考えられる。建設費についても、工事費は大きいものの、用地費が少ないため、現行ルート（地下方式）より割安になる可能性がある。

● 円滑な合意形成とルート変更手続き

三〇年間事業凍結されていた当区間も、二〇〇〇年四月より住民団体との話し合いが開始され、二〇〇一年には「計画のたたき台」が提示されて、地元説明会やＰＩ外環準備会等が開催されている。

今後も引き続き、地域住民との合意形成に十分な留意を払うとともに、環八地下ルート案（第三京浜延伸を含む）を早急にその

組上に載せる必要がある。

図7 ● MMST工法について

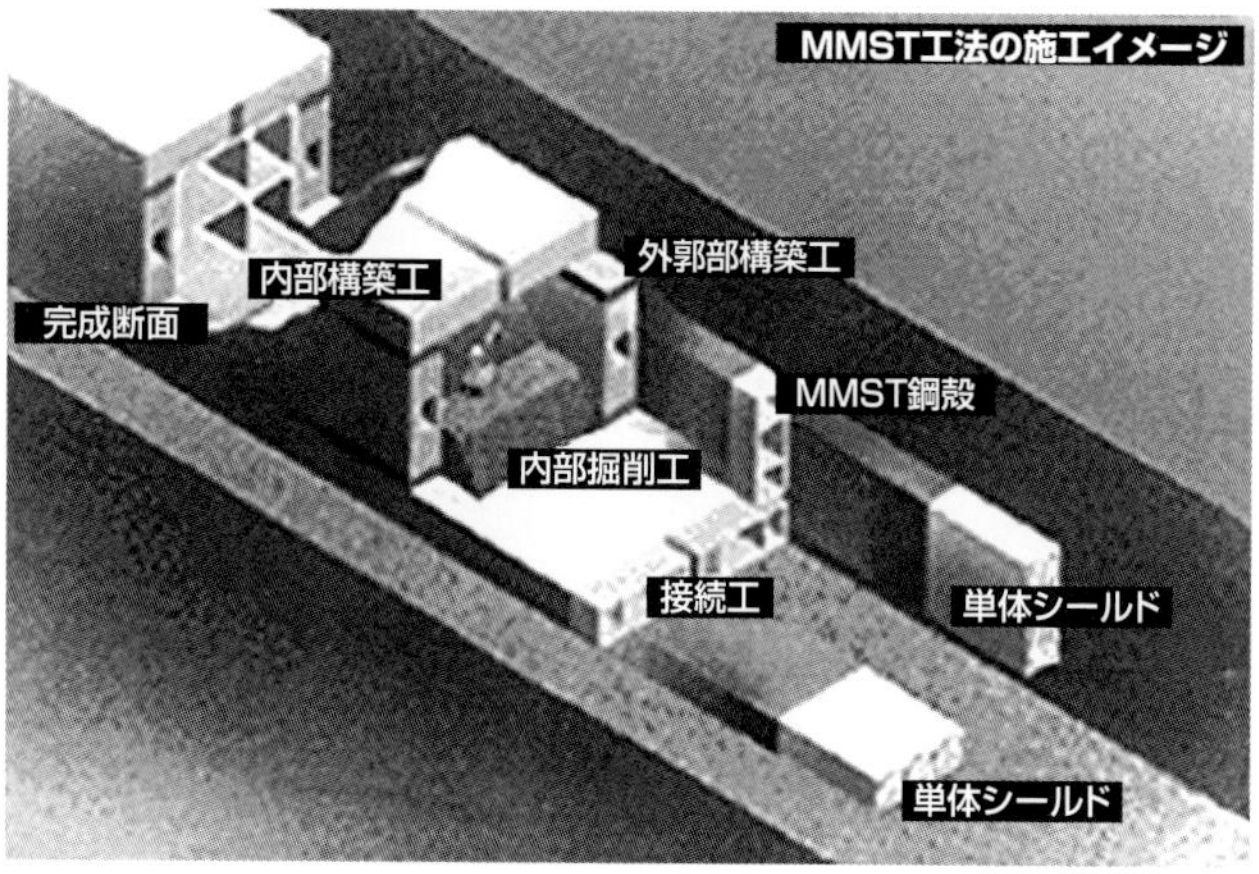

MMST（マルチマイクロシールドトンネル）工法は、トンネル外郭部を複数の単体シールドで先行掘削し、それらを相互に接続、トンネル外壁を構築した後、内部土砂を掘削して完成させる工法。
狭小な幅員でも非開削で施工でき、トンネル断面の面積・形状の自由度が高いなどの特徴を有する。

資料）国土交通省関東地方整備局川崎国道工事事務所ホームページより作成
（http://www.ktr.mlit.go.jp/kawakoku/）

図8 ● 外環（関越道～東名高速～第三京浜）のルート案

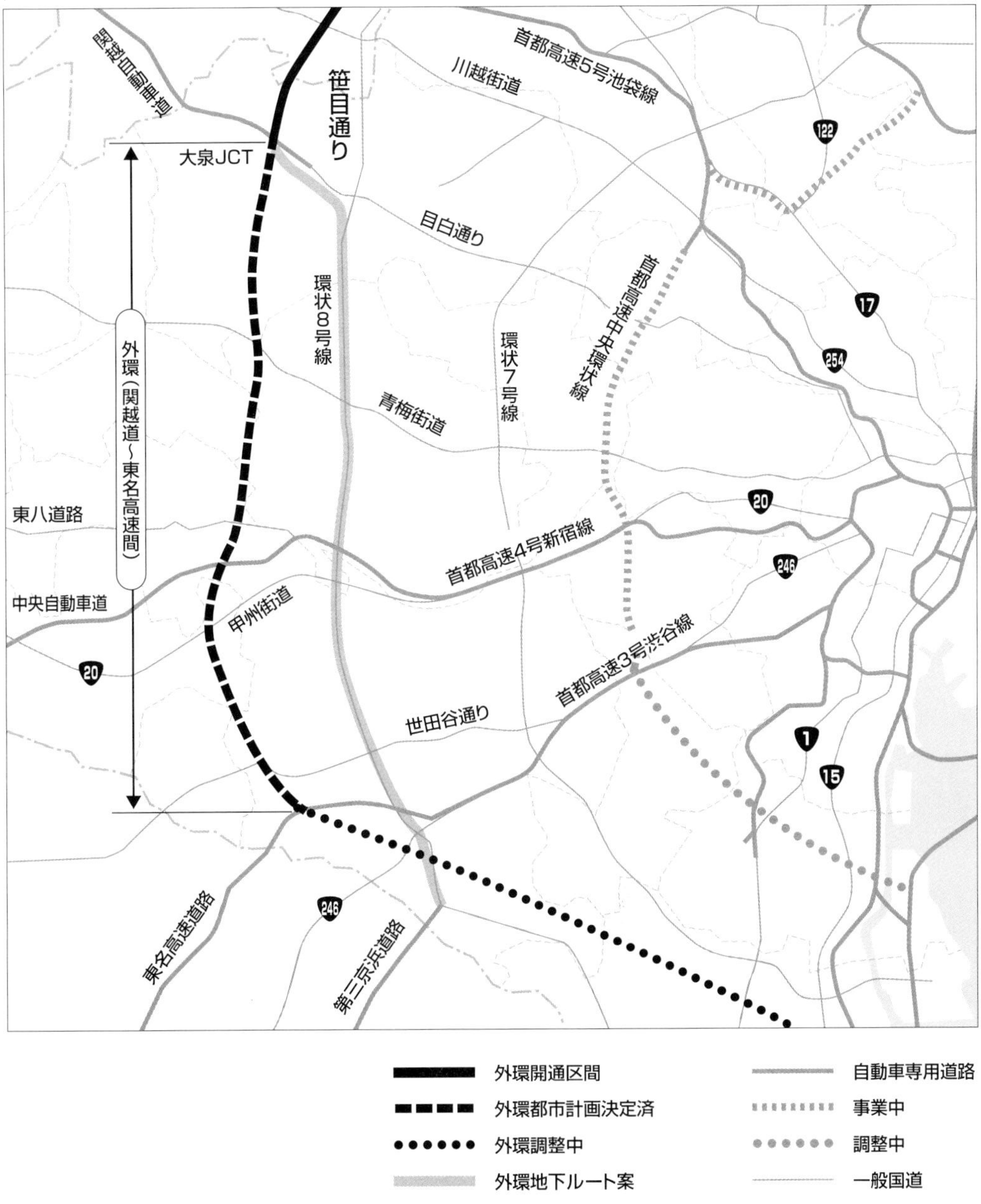

資料）外環ホームページ（http://www.ktr.mlit.go.jp/kawakoku/gaikan/）、
清水草一著「首都高はなぜ渋滞するのか？」三推社（2000年）より作成

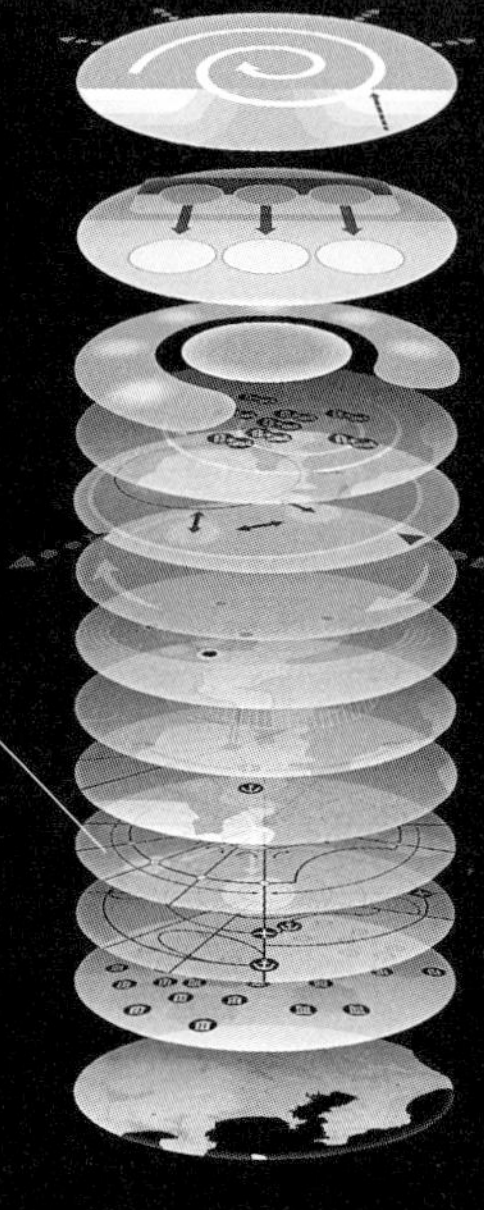

混雑解消に向けた都市鉄道の整備

首都圏においては、通勤ラッシュが社会問題化して久しく、
混雑解消に向けた都市鉄道の整備が進められてきた。
しかし、今なお、朝夕の車内では身動きもままならず、
ターミナルでは不便な乗り換えを強いられたままである。
ここでは、通勤混雑を解消し、
快適で、ゆとりある通勤環境を実現する鉄道整備方策を提案する。

関　恵子

Project-03

I 都市の問題点と課題

依然として深刻な首都圏の通勤ラッシュ

首都圏のピーク時の平均**混雑率**は、一九七五年には二二〇%であったが、一九九八年には一八三%まで改善している。しかし、大阪圏の一四七%、名古屋圏の一五七%と比較すると、圧倒的に高い。

一方、輸送力については、**線路容量**の限界に近い過密なダイヤ設定により補っている状況で、運転速度が遅く、通勤時間も長時間化している。

動線が複雑で乗り換えが困難な拠点駅

首都圏には、新宿駅や池袋駅、渋谷駅など、複数の路線が乗り入れる大規模で複雑な構造の駅が多く、乗り換え時の水平・垂直両方向の移動が利用者にとって大きな負担となっている。

また、二〇〇〇年五月に交通バリアフリー法が施行されるなど、高齢者や障害者の移動円滑化に向けた取り組みの一層の促進が求められている。

首都圏の都市鉄道の整備計画 —一八号答申—

現在、首都圏における都市鉄道は、二〇一五年を目標年次とした「運輸政策審議会第一八号答申（以下「答申」）二〇〇〇年一月」に基づき、整備が進められている。

答申に示された整備対象区間は、緊急性や実現可能性、費用対効果などを検討した上で、A1、A2、Bの三段階の優先順位が付けられている。A1とは「二〇一五年までに開業すべき路線」、A2は「二〇一五年までに整備着手することが適当である路線」、Bは「今後整備について検討すべき路線」である。

このうち、A路線（A1とA2）が整備されれば、二〇一五年の混雑率は、目標値である一五〇%程度に解消される。しかし、A2は、二〇一五年までに整備〈着手〉が適当とされる路線である上、A1についても、現時点で整備未着手の区間が多数存在している。

一般に、新たな鉄道の整備には、十年程度を要することから、現行の進捗では、二〇一五年の混雑率は一五〇%を大幅に上回り、通勤ラッシュが解消されない状況が続くといえる。

首都圏の通勤混雑解消に向けて、早急に対策を講じる必要性は、極めて高い。

Ⅱ プロジェクト

1 プロジェクトのあらまし

● 基本的な考え方

都市鉄道網における混雑の発生箇所は、大きく三つのタイプに整理することができる（図9）。

一つめは、郊外部から都心部へ流入する首都圏の基幹的な放射状ネットワークの輸送力が不足し、混雑が発生している場合である（タイプ1）。

二つめは、複数の放射状の路線が副都心などのターミナルに集中し、そこから都心部に向かう路線数が減少することによって、比較的短距離の混雑が発生している場合である

図9 ● 首都圏の都市鉄道における混雑の発生箇所

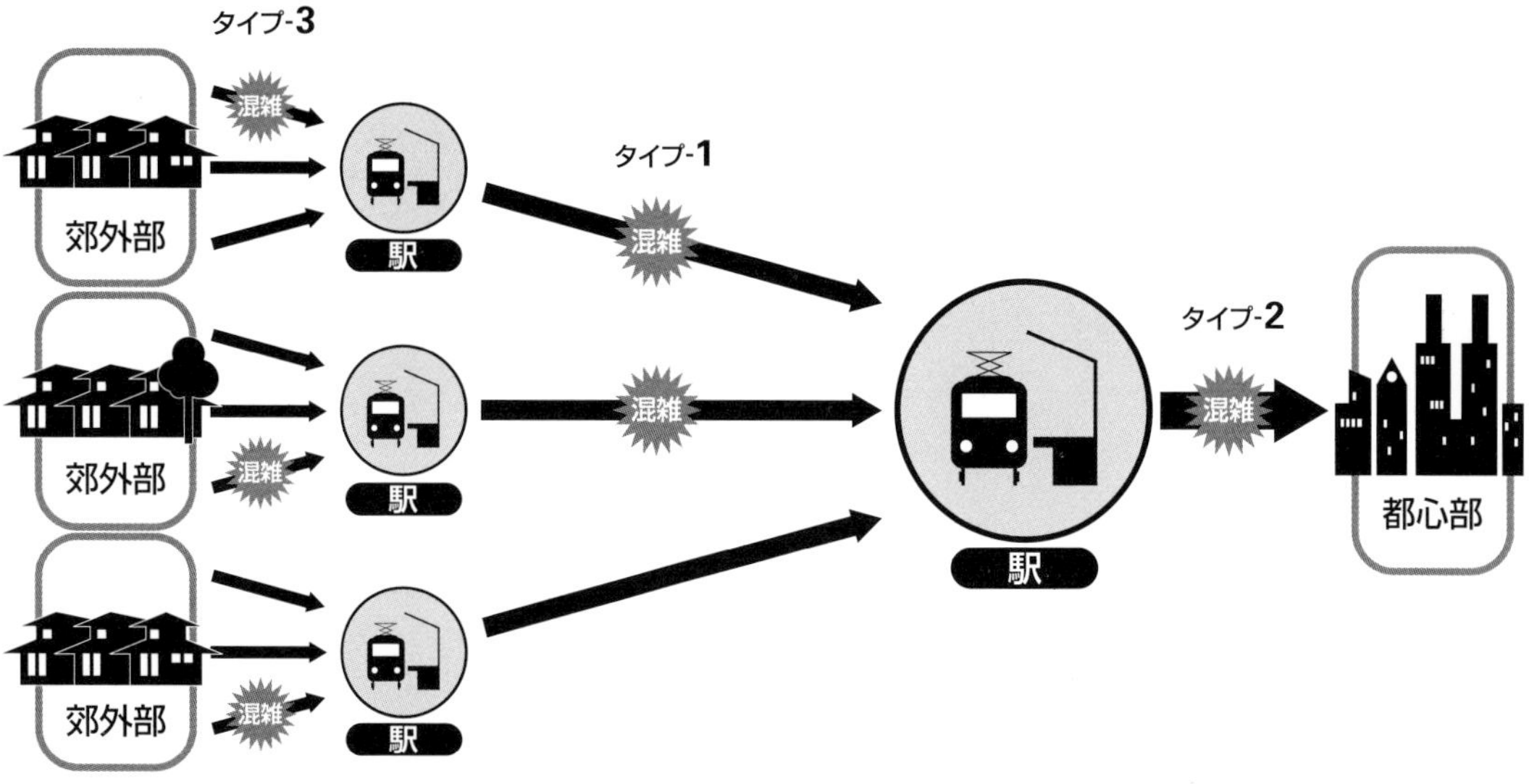

（タイプ2）。

三つめは、首都圏郊外部の支線的な路線が放射状路線に接続する箇所周辺などにおいて、局地的に混雑が発生している場合である（タイプ3）。

ここでは、タイプ別に、混雑解消に対する整備効果が高い路線を「整備の緊急性が高い路線」として、早急に整備を進めることを提案する。

郊外部と都心とを結ぶ路線の混雑解消

首都圏の主要な四二路線の最混雑区間の混雑率は、表3の通りである。

ここで、「体が触れ合い、相当圧迫感がある」混雑率二〇〇％を超える路線に着目すると、「タイプ1」では、神奈川方面（JR東海道線、JR京浜東北線など）、千葉方面（JR総武線）、常磐（茨城）方面（JR常磐線）、多摩方面（JR中央線）の各方面で混雑率が二〇〇％を超えている。

これらについては、新線建設や複々線化など抜本的な輸送力増強が必要である。このうち、常磐方面では、二〇〇五年の開業に向けて「つくばエクスプレス」が整備中であるが、その他の方面についても、神奈川方面では「神奈川東部方面線（仮称）の新設（A1／未着手）」や「東急東横線の複々線化・目蒲線の改良（A1／一部未着手）」、千葉方面では「総武線・京葉線接続新線（仮称）の新設（A2／未着手）」、多摩方面では「JR京葉線の中央線方面延伸・中央線の複々線化（A2／未着手）」の整備を急ぐ必要がある。（図10）。

都心部の路線の混雑解消

「タイプ2」において混雑率が二〇〇％を超える区間として、常磐・埼玉方面からの多くの路線が集中するJR上野駅からJR東京駅方面と、JR埼京線、西武池袋線、東武東上線などが集中するJR池袋駅からJR新宿駅に至る区間があげられる。

上野駅から東京駅方面については、JR東日本が、二〇〇二年三月に、二〇〇九年を目標とする東北・高崎・常磐三線の東京駅延伸計画を発表した。整備後は、上野駅～東京駅間の混雑緩和に加え、JR東海道線品川・横浜方面や、将来的には貨客併用化されたJR東海道貨物支線（**Project-07**参照）との直通運転によるシームレス化が実現する。

ただし、「つくばエクスプレス」が開業し、沿線人口が増加すると、東京側の起終点である秋葉原駅以南の混雑悪化が予想されることから、都心部への延伸についても、検討する必要がある。

また、池袋駅～新宿駅間は、二〇〇七年に開業予定の地下鉄一三号線（池袋～渋谷）の延伸により混雑が緩和されるが、さらに渋谷駅で東急東横線と直通運転化し、シームレス化を進める。

なお、タイプ3にあたる郊外部の混雑への対応は、運行頻度の増加や車両編成の増大の余地が残されており、比較的小規模な投資での輸送力増強が可能であるため、これらの対応を推進する。

大深度地下利用や既設鉄道の地下空間利用による整備推進

首都圏都心部では、地上だけでなく地下空間も含め、鉄道整備用地などの確保が極めて難しい。

このため、タイプ1において、地下化による延伸が予定されているJR京葉線のJR中央線方面延伸や、つくばエクスプレスの秋葉原駅以南の延伸は、大深度地下の利用を積極的に進める。

一方、タイプ2の整備にあたっては、既存の鉄道の地下空間を利用し、地下の新設路線は急行線、既設路線は緩行線という緩急分離を行うことなどにより、事業の早期実現と整備費用の圧縮を図る。

拠点駅の大改造

JR、民鉄、都営地下鉄など多数の事業者の路線が輻輳する新宿駅・渋谷駅・池袋駅などでは、相互直通運転化の実現や乗り換えの円滑化を図るため、駅の大改造が必要である。これらの駅では、事業者横断的な視点から、大規模改造に関する検討を開始するとともに、前述した地下鉄一三号線と東急東横線の直通化のように、新線の建設などにあわせて順次事業化する。また、すべての駅利用者の移動円滑化を図るため、全駅・全列車におけるバリアフリー化を進める。

2　期待される効果と影響

● 快適でゆとりある通勤環境の実現

ピーク時の混雑率は、現行の約一八〇%から一五〇%程度まで改善され、首都圏の通勤混雑は大幅に緩和する。また、寿司詰め電車やノロノロ運転のない、快適でゆとりある通勤環境が実現する。

● 乗り換え回数の減少・移動時間の短縮

相互直通運転化による乗り換え回数の減少や、拠点駅の改造による乗り換えの円滑化により、シームレス化や移動時間の短縮が実現する。これらは、あらゆる首都圏住民の円滑な移動を支援し、移動の活発化、都市活動の活発化へとつながる。

3　実施上の留意点

● 地元住民との合意形成

三〇〇〇万人以上が密集する首都圏では、鉄道整備などの大規模な公共事業が、地域住民へ与える影響が小さくない。整備に際し、沿線環境に配慮しながら、地域の実情に即した方式を模索する必要がある。このため、計画段階から、住民や行政、交通事業者など関係者が集まり、合意形成を図る仕組みの構築が必要不可欠である。

4　プロジェクト概算費用

総武線・京葉線接続新線（仮称）
　三七七〇億円
つくばエクスプレス秋葉原駅以南の延伸
　一二四四億円
神奈川東部方面線
　二七五〇億円
ＪＲ京葉線の中央線方面延伸
　五〇八七億円

資料）国土交通省

主な施策・事業　（答申におけるランク／状況）

■ 郊外部と都心とを結ぶ路線の混雑解消
◎ 神奈川方面　東部方面線（仮称）の新設（A1／未着手）
　　　　　　　東急東横線の複々線化・目蒲線の改良（A1／未着手）
◎ 千葉方面　総武線・京葉線接続新線（仮称）の新設（A1／未着手）
◎ 多摩方面　JR中央線の輸送力の強化（A2／未着手）

■ 都心部の路線の混雑解消・大深度地下利用の検討
◎ つくばエクスプレス秋葉原以南の延伸（B／未着手）
◎ JR京葉線のJR中央線方面の延伸

■ 新宿駅、渋谷駅、池袋駅などの大改造

III
リーディングプロジェクト

JR総武線・京葉線・中央線の総合的輸送力の強化

本プロジェクトは、次の四つの事業から構成される。

一．総武線・京葉線接続新線（仮称）の新設
二．JR新浦安駅〜新木場駅間の複々線化
三．JR京葉線の東京駅〜三鷹駅間の地下延伸
四．JR中央線三鷹駅〜立川駅間の複々線化

一．は、津田沼駅〜船橋駅〜新浦安駅近辺において新線を建設することで、JR総武線と京葉線とを接続し、津田沼方面から都心方面への代替ルートを確保する事業である。

二．は、「一．」の整備により利用者の増加が予想される新浦安駅〜新木場駅間の既設線の複々線化を図るものである。

三．は、東京〜三鷹間について、JR京葉線を地下で延伸する事業である

そして、四．は、三鷹〜立川間の輸送力増強に向けて複々線化を図るものである。

本プロジェクトは、郊外部と都心部を結ぶ放射状ネットワークのうち、千葉方面と多摩方面の二方向の混雑解消に寄与する。

また、交通ネットワークの充実に向けて、千葉方面や多摩方面と臨海副都心の直結化、成田空港へのアクセス性の向上などに加え、本書で提案している羽田空港アクセスの強化や横田基地の民間共用化などと連携し、多様な活用も可能である。

さらに、都心部延伸区間は、大深度地下利用の先導的なプロジェクトとしての意義も持つ。

このように、一連のプロジェクトは多くの意義と可能性を持ち合わせているため、リーディングプロジェクトとして喫緊に整備を開始する。

その際には、他の放射状路線と比較して輸送力が脆弱で、輸送力増強の緊急性が高いJR中央線の新宿駅以西や、比較的短距離の整備で効果が期待されるJR総武線・京葉線接続新線（両線の接続に必要な区間のみ）などから、段階的に整備を進めることが想定される。

図10 ● 東京圏鉄道網

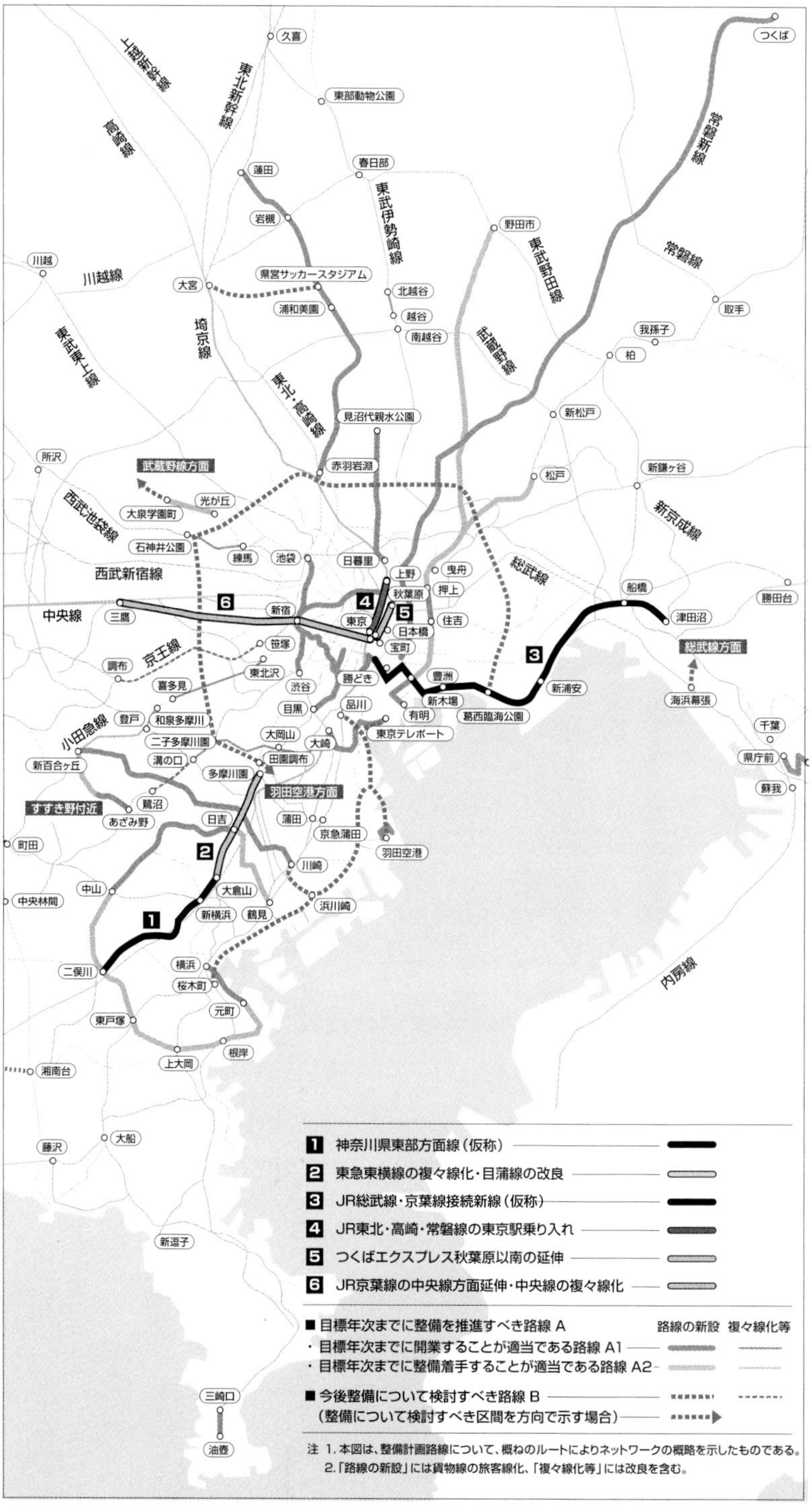

資料）東京圏鉄道整備研究会「東京圏の鉄道の歩みと未来【解説】運輸政策審議会答申第18号」より作成

表3 ● 都市鉄道の整備に伴う主要路線・区間の混雑率の改善

	路線名	区間	1998年	2000年	2015年	2000－2015年
神奈川方面計			191%	187%	152%	35point
＊	JR東海道線	川崎 － 品川	209%	208%	183%	25point
＊	JR横須賀線	西大井 － 品川	193%	190%	139%	51point
	JR京浜東北線	大井町 － 品川	234%	225%	168%	57point
	JR横浜線	小机 － 新横浜	202%	200%	119%	81point
	JR南武線	武蔵中原 － 武蔵小杉	228%	222%	126%	96point
＊	小田急小田原線	世田谷代田 － 下北沢	191%	190%	168%	22point
＊	東急東横線	祐天寺 － 中目黒	188%	178%	161%	17point
＊	東急田園都市線	池尻大橋 － 渋谷	195%	196%	153%	43point
＊	京急本線	戸部 － 横浜	152%	151%	128%	23point
	相模本線	西横浜 － 平沼橋	151%	142%	127%	15point
多摩方面計			182%	179%	152%	27point
＊	JR中央線快速	中野 － 新宿	223%	218%	162%	56point
	JR青梅線	西立川 － 立川	183%	181%	172%	9point
＊	西武新宿線	下落合 － 高田馬場	169%	159%	124%	35point
＊	京王線本線	下高井戸 － 明大前	168%	168%	154%	14point
＊	京王井の頭線	神泉 － 渋谷	150%	150%	148%	2point
埼玉方面計			179%	167%	155%	12point
	JR埼京線	池袋 － 新宿	212%	211%	160%	51point
	JR宇都宮線	土呂 － 大宮	192%	178%	154%	24point
	JR高崎線	宮原 － 大宮	209%	194%	198%	－4point
＊	東武東上線	北池袋 － 池袋	151%	148%	158%	－10point
＊	西武池袋線	椎名町 － 池袋	178%	169%	134%	35point
＊	東武伊勢崎線	小菅 － 北千住	161%	152%	152%	0point
＊	営団日比谷線	三ノ輪 － 入谷	177%	173%	155%	18point
＊	都営三田線	西巣鴨 － 巣鴨	174%	114%	120%	－6point
常磐方面計			212%	199%	151%	48point
＊	JR常磐線快速	松戸 － 北千住	202%	197%	164%	33point
＊	JR常磐線緩行	亀有 － 綾瀬	226%	209%	145%	64point
＊	営団千代田線	町屋 － 西日暮里	212%	192%	141%	51point
千葉方面計			187%	182%	165%	17point
＊	JR総武線快速	新小岩 － 錦糸町	183%	178%	161%	17point
＊	JR総武線緩行	錦糸町 － 両国	231%	215%	192%	23point
	JR京葉線	葛西臨海公園 － 新木場	185%	190%	159%	31point
＊	京成本線	大神宮下 － 京成船橋	163%	160%	148%	12point
＊	京成押上線	四ツ木 － 八広	168%	166%	154%	12point
＊	営団東西線	門前仲町 － 茅場町	201%	197%	161%	36point
＊	都営浅草線	押上 － 本所吾妻橋	139%	128%	169%	－41point
その他計			184%	180%	138%	42point
＊	JR京浜東北線	上野 － 御徒町	235%	233%	158%	75point
	JR山手線	上野 － 御徒町	237%	233%	143%	90point
＊	JR山手線	代々木 － 新宿	200%	202%	149%	53point
＊	JR中央線緩行	代々木 － 千駄ヶ谷	97%	95%	84%	11point
＊	営団銀座線	赤坂見附 － 溜池山王	178%	173%	156%	17point
＊	営団丸の内線	新大塚 － 茗荷谷	169%	160%	157%	3point
＊	営団有楽町線	東池袋 － 護国寺	180%	176%	141%	35point
＊	営団半蔵門線	渋谷 － 表参道	175%	171%	146%	25point
＊	都営新宿線	新宿 － 新宿三丁目	150%	152%	98%	54point
主要31区間計			183%	176%	151%	25point
主要42区間計			187%	181%	152%	29point

資料）東京圏鉄道整備研究会「東京圏の鉄道の歩みと未来【解説】運輸政策審議会答申第18号」より作成

注1）上記各路線·区間は、「都市交通年報」において、最混雑区間1時間あたりの輸送量が概ね3万人以上の路線·区間である主要42区間。このうち、旧運輸省において、1955年から継続的に混雑率の統計をとっている東京圏の主要な混雑区間31区間を＊で示している。

注2）2015年の推計値は、既着手路線が整備され、既設路線の改良等が行われた上に、答申路線A路線が整備された場合の数値である。

注3）「JR常磐線快速」には、JR常磐線の中距離電車を含む。

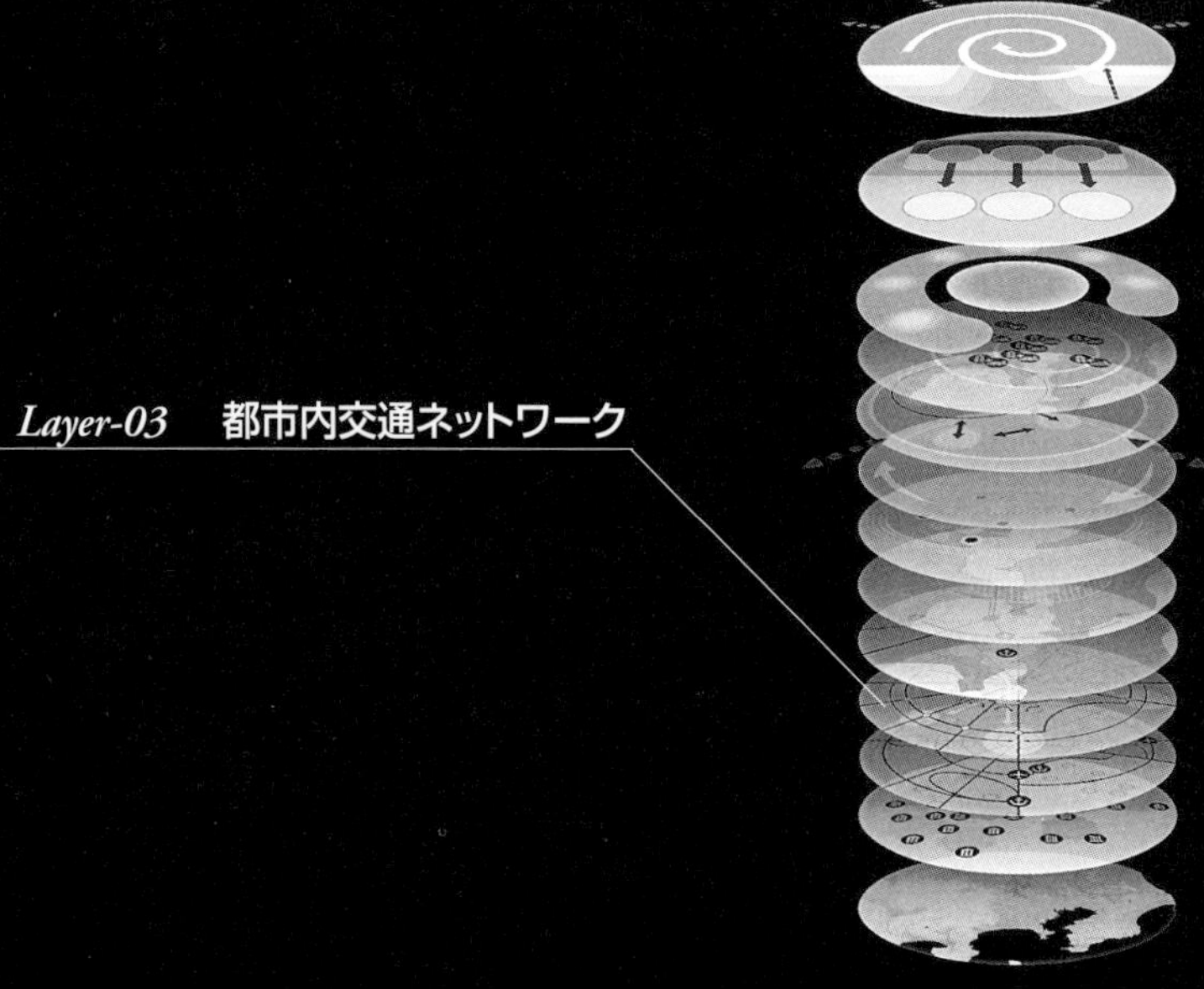

都市内自転車利用促進プロジェクト

自転車は、密集した市街地において利便性が高く、
また、近年は、環境負荷削減や、
都市内の交通渋滞の緩和に寄与する交通手段として、注目を集めている。
しかし、実際の利用環境は、十分に整備されているとはいいがたい。
ここでは、首都圏における多様な交通手段の提供に向けて、
自転車の利用促進に向けた整備方策を提案する。

関　恵子

Project-04

I 都市の問題点と課題

駅周辺の放置自転車問題の深刻化

自転車は、安価で利用しやすい乗り物として、一九六〇年代以降、各家庭への普及が進み、現在では、国民の二・一人に一人が保有している。特に、東京都の保有率は、一・七人に一人と、全国値と比べても高い割合となっている。

自転車の普及に伴い、通勤・通学者が駅と自宅間の交通手段として利用するようになり、首都圏の駅周辺では、放置自転車問題が深刻化した。

『平成一一年・駅周辺における放置自転車の実態調査結果（総務庁）』によると（図11）、全国の放置自転車台数は、一九八一年をピークに減少傾向がみられるものの、東京都内については、二〇万台前後で横ばいが続いている。また、駅別にみると（表4）、全国でワースト一にあげられる池袋駅の放置自転車台数は、実に四三〇〇台を超えている。このほか、亀戸、巣鴨、蒲田、川崎など、首都圏の駅が数多く上位にあがっている。

こうした放置自転車への対策として、一四九の自治体が放置自転車規制に関する条例を、一〇〇の自治体が付置義務条例を制定している。また、練馬区などでは、駅前を中心に**都市型レンタサイクルシステム**を導入し、新しい自転車の利用方法を促進しようとしている。ところが、すでに高度な土地利用がなされている首都圏の既成市街地では、駐輪場の用地確保が難しく、駅から数百メートル離れた場所に駐輪場を設置せざるを得ない場合もある。放置自転車問題は、依然として深刻な状況が続いている。

歩道の自転車通行可がもたらす安全性の低下

一方、自転車の走行環境についてみると、我が国では、一九七八年の道路交通法の改正によって、歩道での自転車通行が認められた。しかし、道路幅員が十分でない既成市街地では、歩行者、自転車、自動車が安全に通行できない箇所が多く、自転車が加害者・被害者となる交通事故が数多く発生している。

近年は、各自治体において、歩道と自転車道とを区分するために、カラー舗装や植樹帯設置などの対応が行われている。しかし、幅員が狭小な道路が多いため、整備後も歩行者と自転車にとって通行スペースが十分に確保されない場合が多く、また、区分そのものの認知度が低い。

このように、自転車問題に対する取り組みは、十分な効果をあげているとはいいがたい状況である。

表4 ● 駅前の放置自転車台数

順位	駅名	路線名	公共団体	放置台数
1	池袋	JR山手線、東武東上線、西武池袋線	豊島区	4,326
2	天神	市営地下鉄	福岡市	3,865
3	亀戸	JR総武線	江東区	3,272
4	巣鴨	JR山手線	豊島区	3,272
5	蒲田	JR京浜東北線	大田区	2,833
6	名古屋	JR、地下鉄、名鉄、近鉄	名古屋市	2,710
7	川崎	JR東海道線、京浜東北線、南武線	川崎市	2,630
8	相模大野	小田急線	相模原市	2,613
9	布施	近鉄奈良線	東大阪市	2,317
10	千葉	JR総武線、京成線、モノレール	千葉市	2,173

資料）総務省「平成11年度駅周辺における放置自転車の実態調査結果」より作成

図11 ● 放置自転車台数の推移

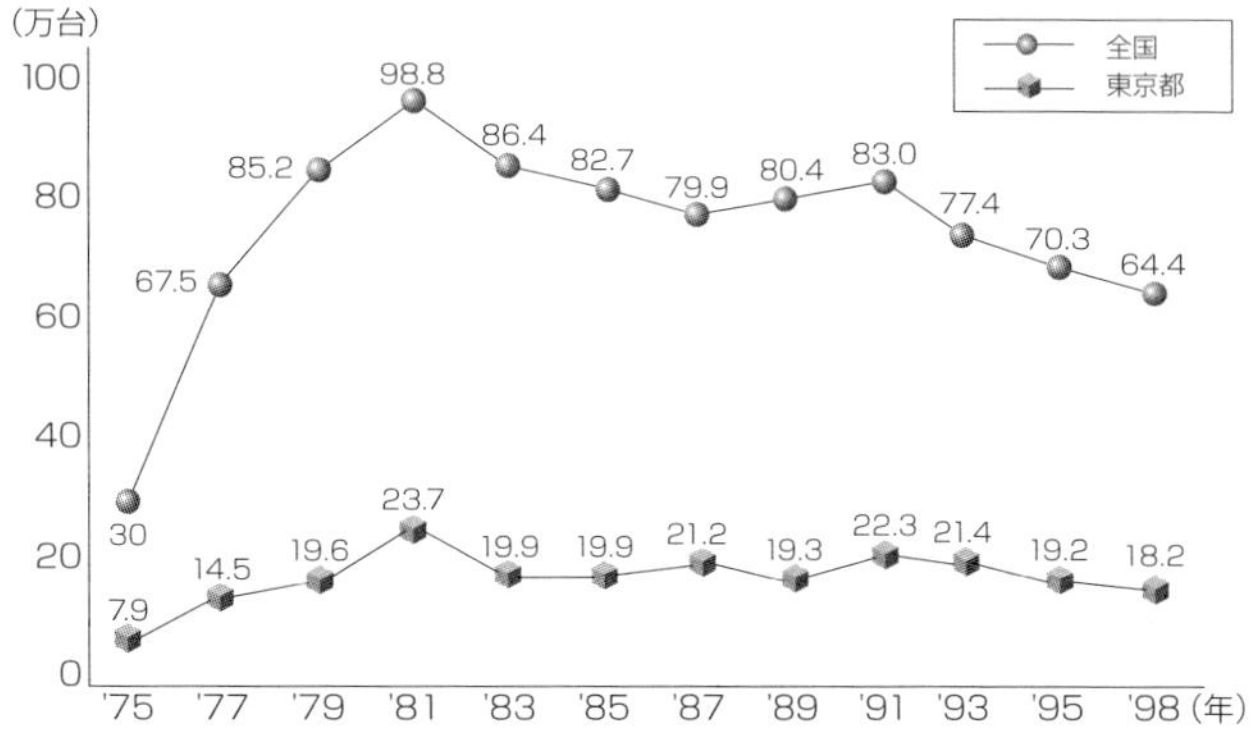

資料）総務省「平成11年度駅周辺における放置自転車の実態調査結果」

● 自動車の短距離利用

首都圏では、他都市にない高密度な都市鉄道網が整備されている。

しかし、駅から少し離れた場所への移動や、鉄道を使うほどではない短い距離を移動する時には、タクシーや各企業の業務用車、マイカーが利用されることも多く、道路交通渋滞を助長する要因となっている。道路渋滞の緩和の側面からも、短距離移動時に自転車を利用しやすい環境を整備する必要性が高い。

II プロジェクト

1 プロジェクトのあらまし

先に述べたとおり、首都圏の、特に既成市街地における自転車利用環境の整備に関する施策は、用地確保上の制約から、実現が難しい場合も多い。

ここでは、施策の実現可能性が高い地域をモデル地域として選定し、早急に整備を進め、整備効果を首都圏全体に広く知らしめることを狙いとしたプロジェクトを提案する。具体的には再開発事業などが進められている地域として、東京都臨海副都心地区、晴海・東雲・豊洲地区、丸の内再開発地区、新宿副都心地区などを想定する。

● 大規模開発を契機とした自動車走行区間の確保

開発計画策定の段階で、自転車を短距離交通手段の一つとして位置づけ、安全で快適な利用環境を整備する。具体的には、歩道と分離して自転車専用道を確保し、安全で快適な走行環境を整備するとともに、駐輪場のスペースも確保する。

● 多様な都市型レンタサイクルシステムの導入—自転車の共同利用の促進—

地区特性に応じて、利用者層や利用目的をふまえた多様な都市型レンタサイクルシステムを導入する。具体的には、域外からの観光・買物客向けや、地区内居住者の通勤・通学向け、地区内従業者の業務活動向けなどが想定される。

観光・買物客向けについては、目的地となる各施設やその近接駅に、自転車の貸出・返却を行うサイクルポートを設置し、利用者の利便性を高めるシステムが想定される。一方、通勤・通学向けもしくは業務活動向けに利用者への貸出・返却を行うサイクルポートは、駅やバスターミナルなどの交通結節点への設置が想定される。この場合は、自転車の利用時間帯や利用方向が異なる需要が存在し、かつ、それらを組み合わせて双方向の需要が確保できる地区を選定することが望ましい。双方向の需要を確保し、各サイクルポートの自転車の稼働率を高めることで、回収費用などが軽減された低コストのシステムが実現できる。

また、導入地区として、観光・買物客向けについては臨海副都心地区（台場地区）や丸の内再開発地区などが想定される。通勤・通学向けとしては臨海副都心地区や晴海・東雲・豊洲地区、業務向けとしては、丸の内再開発地区や、都庁来庁者を対象とした新宿副都心地区などが想定される。

●複数の再開発地区間を結ぶ自転車道の整備

複数の再開発地区が近接している場合、それらの地区間の利用を促進するため、自転車専用道を整備する。具体的には、臨海副都心地区と晴海・東雲・豊洲地区間などが想定される。

2　期待される効果と影響

●放置自転車問題の防止

再開発地区などにおいて、レンタサイクルシステムや駐輪場の整備を先行的に行うことにより、放置自転車問題の発生を未然に防止することができる。

●自転車走行環境の安全性の確保

広幅員の自転車専用道が整備されることにより、自転車利用の安全性が向上し、自転車と歩行者、自転車と自動車の交通事故が減少する。

●交通渋滞の緩和と環境負荷の削減

自転車利用環境を整備し、これまで自動車を利用していた短距離の移動が自転車へ転換することで、交通渋滞が緩和されるとともに、環境負荷が軽減する。

●居住者・来訪者に対する多様な交通手段の提供

地区内の居住者や従業者、地区外からの来訪者のそれぞれにとって、利用可能な交通手段が増加し、適切な交通手段選択が可能になる。

主な施策・事業

■ 大規模開発を契機とした自動車走行区間の確保

■ 多様な都市型レンタサイクルシステムの導入－自転車の共同利用の多様化－

◎ 観光・買物利用者向けシステム：臨海副都心地区・丸の内再開発地区など
◎ 業務向けシステム：丸の内再開発地区、新宿副都心地区など
◎ 居住者向けシステム：臨海副都心地区など

■ 複数の再開発地区間を結ぶ自転車道の整備

III リーディングプロジェクト

ここでは、臨海副都心地区周辺と丸の内再開発地区における先導的な整備を提案する。

臨海副都心地区は、二〇一六年を完成目標として段階的に整備が進められている地区であり、台場地区などには商業施設や業務施設、住宅地などの整備が進みつつある。また、臨海副都心地区の北部に隣接する晴海・東雲・豊洲地区においても再開発事業が進行中である。いずれも、既成市街地と比較して、自転車専用道や駐車場の整備などに際して、適切な用地をあらかじめ確保することが容易であり、高い整備効果が期待できる。

一方、丸の内再開発地区については、大手町・丸の内・有楽町各地区に、四一〇〇の企業が立地し、二四万人が就業している。また、地区内では物流の共同配送システムが実験的に導入されるなど、業務交通の効率化・環境負荷削減に向けた取り組みも積極的に行われているため、業務交通における自転車利用への素地も形成されている。

両地区で実験的かつ先導的な導入が実現することにより、首都圏における自転車利用のメリットが明らかとなるとともに、今後、再開発事業などを契機とした既成市街地での取り組みを促進するための機運が醸成される。

お台場サイクルシティ構想

自転車走行空間の確保

臨海副都心地区において、自転車を短距離移動のための交通手段の一つとして位置づけた交通計画を策定し、安全で快適な利用環境を整備する。

東京都の「臨海副都心まちづくり計画」では、同地区の区画道路の歩道幅員は五メートルが確保されているため、道路空間を、自転車専用と歩行者専用とに再配分する。また、台場地区と青海地区、有明地区を結ぶ都市軸となる三つのプロムナード（センター、イースト、ウエストの各プロムナード）は、公園緑地として自転車の通行が禁止されているが、歩行空間と自転車走行空間との分離を行った上で、自転車を走行可とする。

自転車の共同利用

臨海副都心地区内の台場・青海・有明地区において、域外からの来訪者と域内居住者を対象としたレンタサイクルシステムを導入する。

例えば、台場地区の商業施設をはじめとした三地区の主な観光スポットや、東京臨海高速鉄道りんかい線・新交通ゆりかもめの各駅に加え、台場地区の住宅地などに、自転車の貸出・返却を行うサイクルポートを設置する。また、未利用地が暫定的な駐車場として利用されていることから、自動車での来訪者向けの**パーク・アンド・サイクルライド**も想定し、駐車場内にもサイクルポートを設置する。

レンタサイクルシステムの導入により、観光や買物を目的とした域外からの来訪者は、地区内の商業施設や観光スポットを自転車で周遊することが可能となる。また、居住者は、自宅と最寄り駅間あるいは地区内の従業地までレンタサイクルを利用がすることにより、放置自転車問題の防止につながる。

晴海・東雲・豊洲地区と結ぶ自転車網の整備

複数の再開発地区間を結ぶネットワークとして、隣接する晴海・東雲・豊洲地区間との間に自転車専用道を整備する。これらの三地区は、再開発事業が進行中であるため、地区内の居住者の増加に伴い、商業施設や観光スポットが集積する台場地区との交通の増加が予想される。地区間移動に際して安全な交通手段として自転車が活用できる環境づくりを行う。

丸の内再開発地区における自転車利用の促進

約一一〇ヘクタールの再開発地区である丸の内再開発地区には、現在、丸の内ビルディング、三菱商事丸の内新本社ビルなどをはじめ、数多くの業務系建築物の新設・建て替えが行われている。そこで、再開発事業にあわせてサイクルポートを設置し、主に平日の業務交通を対象とするレンタサイクルシステムの導入を図る。

また、仲通りに面した建物の一階には、ブランドショップが次々と出店しており、土日になると、銀座中央通りへ至るルートは買物客や観光客で賑わっている。これらの店舗周辺にもサイクルポートを整備することで、システムを休日の観光・買物目的向けに活用することも期待される。

仲通りは、公開空地も多いことから、これも活用しながら、自転車専用道の確保を目的とした、道路空間の再配分を検討する。

図12 ● お台場サイクルシティ構想

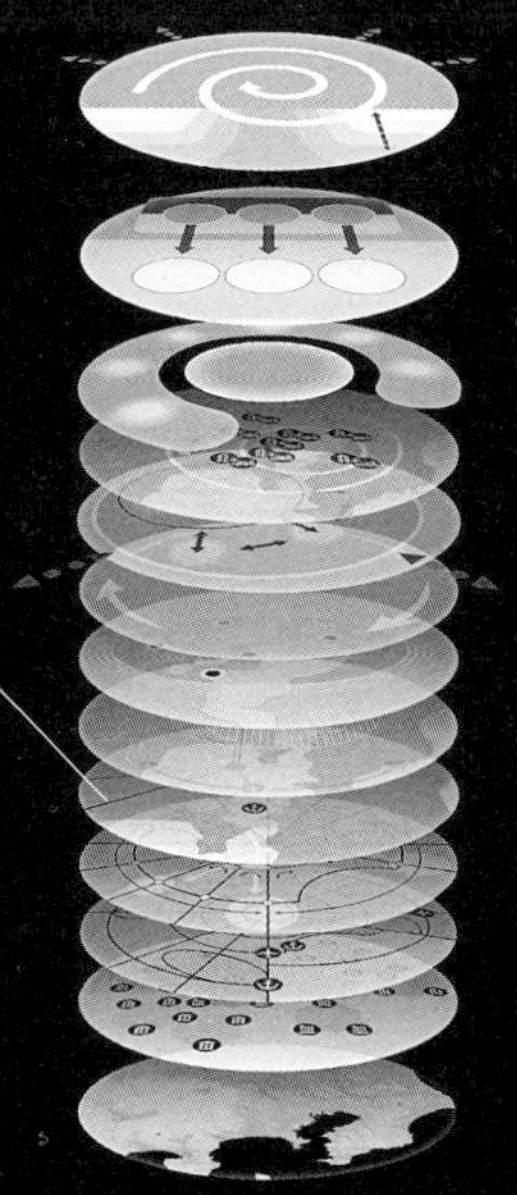

Layer-04　都市間交通ネットワーク

鉄道・海運を活用した物流体系の構築

環境負荷の小さい物流体系の構築に向け、
鉄道・海運は国内幹線輸送において中心的な役割を担う必要がある。
このため、我が国最大の物流需要を有する首都圏においても、
鉄道・海運の活用に向けたハード・ソフト両面の取り組みが必要である。

原田 昌彦

Project-05

I 都市の問題点と課題

二酸化炭素排出量削減に向けて強くが求められる鉄道・海運の活用

これまで長年にわたりトラックから鉄道・海運へのモーダルシフトの推進が叫ばれてきたが、必ずしも十分な実効をあげることなく現在に至っている。

今後、**京都議定書**の発効に対処するため、物流部門の二酸化炭素排出量削減が至上命題となり、国は、実効性の高いモーダルシフト促進策を実施する必要性に迫られている

トラックへの規制強化による利便性低下の恐れ

首都圏では、トラックを中心とするディーゼル車による大気汚染が深刻な問題となっている。このため、東京都は二〇〇三年一〇月より一定の基準を満たさないディーゼル車の乗り入れを禁止し、首都圏の他県も歩調を合わせる方向にある。基準を満たすため、排ガス低減装置の装着や新車代替が必要となり、トラックによる輸送コスト増加の要因となる。

また、同年九月からは高速道路における大型トラックの重大事故を防止するため、時速九〇キロメートルになると加速ができなくなるスピードリミッターの装着が義務づけられる。このため、それ以上のスピードを出すことが多いといわれる長距離トラック輸送が実質的にスピードダウンすることになる。

トラックは、便利で低廉な輸送手段として貨物輸送の中心を占めているが、このようなさまざまな面からの規制強化により、その利便性や低廉性が低下し、産業や生活にも弊害が及ぶ恐れがある。

こうした面からも、トラックに対する規制強化ばかりでなく、経済合理性を維持しつつ、鉄道・海運を活用した利便性の高い物流体系を構築する必要がある。

首都圏に求められる鉄道・海運輸送基盤の強化

モーダルシフト促進のためには、何より鉄道・海運の利便性を向上させる必要があるが、我が国の鉄道は旅客輸送が主体であり、首都圏においても鉄道貨物輸送の基盤が脆弱であることから、利用者ニーズに応じた輸送サービスが提供できるよう輸送基盤の強化が必要である。

海運については、国際競争力を維持・強化する観点から、外航コンテナ船の分野では港湾の三六五日・二四時間フルオープン化や**ワンストップサービス**の実現に向けた取り組みが成果をあげつつある。モーダルシフトの担い手となる内航船についても、荷主ニーズに応じたダイヤの設定や輸送コスト削減のため、官民両面における一層のサービス向上が求められる。

物流に関連する「都市再生プロジェクト」

【国際港湾の機能強化】
- ◎ 二四時間フルオープン化の早期実現
- ◎ 湾内ノンストップ航行の実現
- ◎ 輸出入・港湾行政手続きのワンストップサービス化
- ◎ 国際水準の高規格コンテナターミナルの整備
- ◎ 幹線道路網とのアクセス性の向上

効率的な端末輸送システムの構築

中小トラック事業者の多くは、大手トラック事業者と異なり全国的な輸送網を持たないため、鉄道・海運を利用する際に、相手地域側で効率的な端末輸送を行うことが困難である。こうしたことから、モーダルシフトの促進のためには、首都圏の鉄道駅・港湾と集配先を結ぶ効率的な端末輸送システムを構築することが不可欠である。

II プロジェクト

1 プロジェクトのあらまし

プロジェクトの全体像

首都圏と国内各地を結ぶ長距離物流におけるモーダルシフトを促進するため、首都圏における環状貨物鉄道網や内貿ターミナルの整備、港湾物流の利便性向上を進めるとともに、貨物駅・港湾周辺への集配拠点の整備と共同集配システムの導入などにより、効率的な端末輸送システムを構築し、首都圏における物流体系の再構築を図る。

貨物駅・港湾周辺への集配拠点の整備と共同集配システムの導入

モーダルシフトを円滑に推進するため、コンテナ・トレーラー輸送に対応した首都圏発着貨物の集配拠点を貨物駅・港湾周辺に配置する。

同時に、全国的な輸送網を持たない中小トラック事業者でも鉄道・海運が利用しやすいように、貨物駅・港湾周辺の集配拠点において、共同集配システムを導入する。これは、これまでに新宿副都心やさいたま新都心などで導入されている地区内共同集配と異なり、首都圏一帯を集配対象とするものとなる。

首都圏環状貨物鉄道網の形成

ＪＲ武蔵野線・京葉線（西船橋～新木場）、東京臨海高速鉄道りんかい線（新木場～東京テレポート）および東京テレポート～東京貨物ターミナル間の車両基地連絡線）を貨客併用化することにより、ＪＲ武蔵野線とあわせて首都圏の環状貨物鉄道網を構築する。なお、東京テレポート～東京貨物ターミナル間については、**Project-07**と連携して行う。

環状貨物鉄道網の形成により、京浜方面～東北・北海道方面の輸送ルートの多様化や、京浜方面～京葉方面の輸送距離の短縮が図られ、鉄道貨物ネットワークの利便性の向上が図られる。

既存施設を活用した内貿ターミナルの整備

大水深岸壁を有する国際海上コンテナターミナルの整備に伴い遊休化した既存のコンテナターミナルや在来船バースなどを活用し、フェリー、RORO船、内航コンテナ船などの国内海上貨物輸送に対応した内貿ターミナルとして再整備する。

競争促進を通じた港湾物流の利便性向上

東京・川崎・横浜・千葉の各港においては、需給調整規制の廃止など、港湾運送事業の規制緩和が先行的に実施されていることから、事業者間の競争を通じて、二四時間フルオープン化をはじめ、港湾物流の利便性向上と低コスト化を促進する。また、地方公共団体などによる港湾施設利用料金についても、その低減につとめ、トータルコストの削減を図る。

2　期待される効果と影響

交通渋滞の緩和と生活環境の改善

都市内に流入する大型トラックの走行台数が削減され、交通渋滞が緩和される。また、大型トラックの流入抑制により、排気ガスによる大気汚染をはじめとする交通公害が低減され、生活環境の改善が図られる。

図13 ● 首都圏における鉄道・海運を活用した物流システムのイメージ

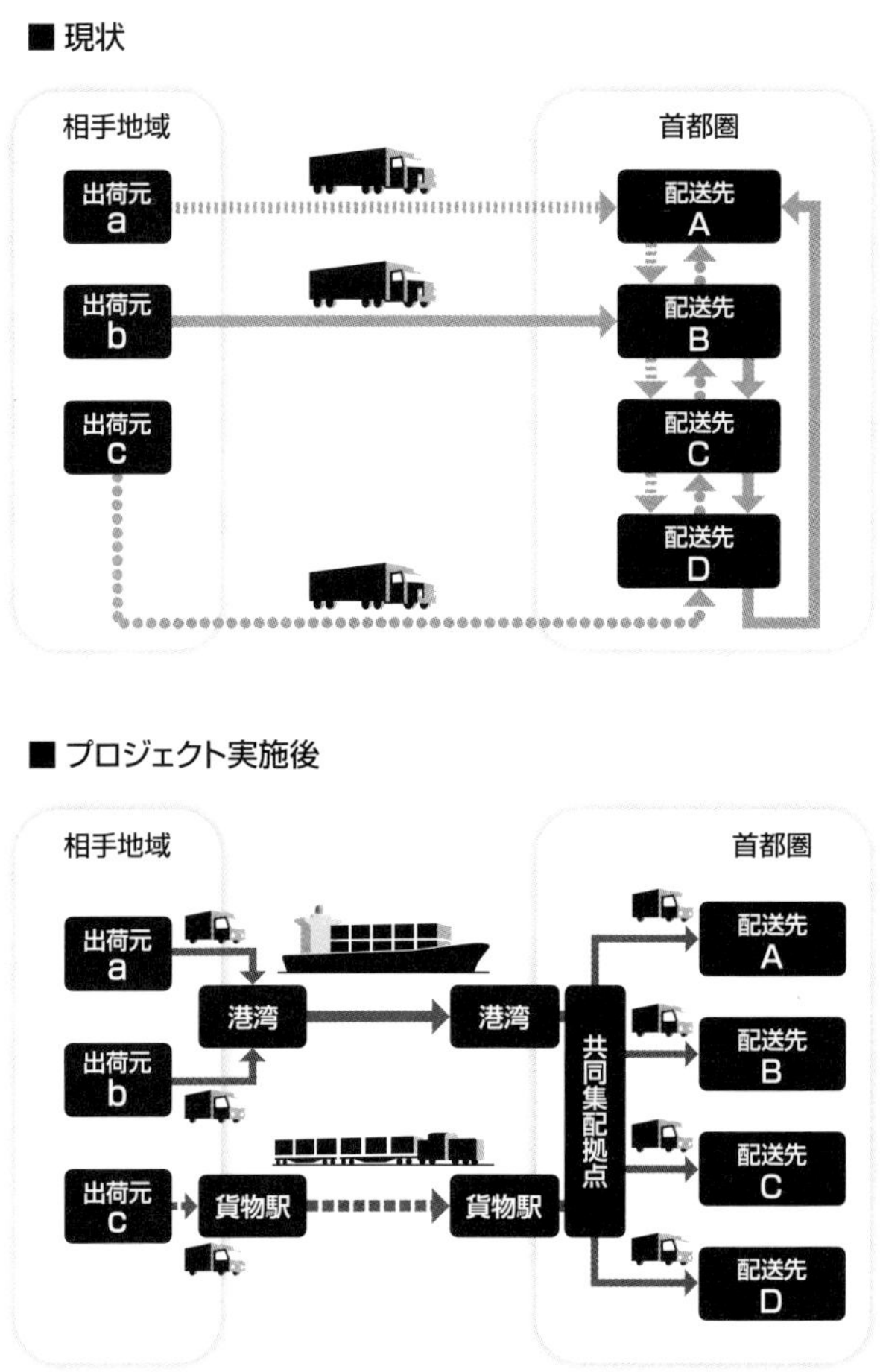

図14 ● 輸送機関別二酸化炭素排出原単位

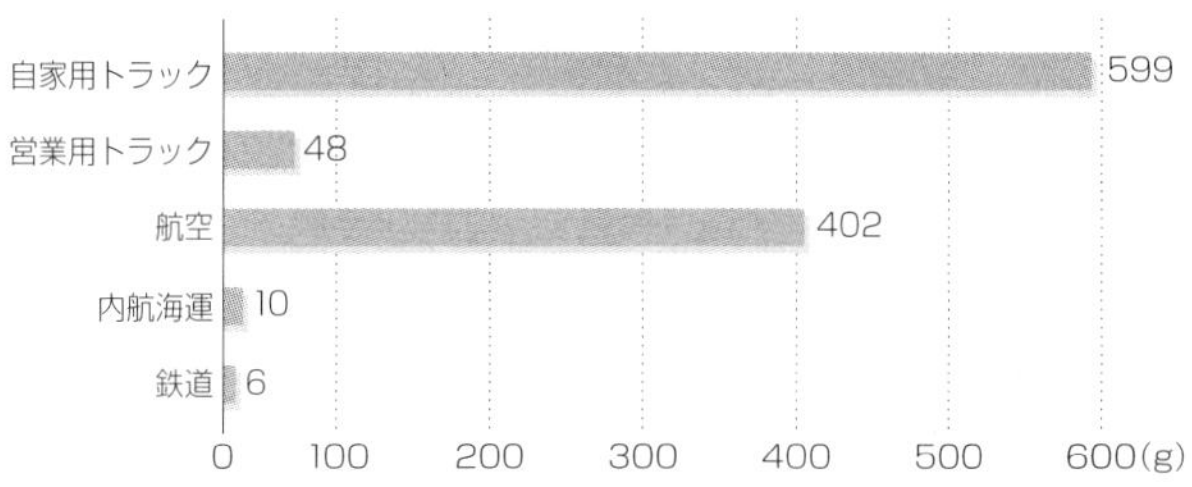

資料）地球温暖化問題への国内対策に関する関係審議会合同会議資料より作成

● 二酸化炭素排出量削減による地球環境の保全

長距離物流におけるトラックから鉄道・海運への輸送手段の転換により、二酸化炭素排出量が削減され、地球環境の保全に寄与するとともに、京都議定書における国際公約の実現に貢献する。

● 環境負荷軽減と効率性を両立する物流システム構築への貢献

我が国における物流需要の最大の発生・集中地である首都圏において、鉄道・海運を活用した物流体系が構築されることにより、我が国全体における環境負荷の軽減と効率性を両立する新たな物流システムの構築を先導することができる。

3　実施上の留意点

● 荷主を巻き込んだ推進体制の構築

鉄道・海運を活用する場合、リードタイムや発着時間帯、荷姿、輸送ロットなどさまざまな輸送条件において、トラックにはない制約を受けることから、荷主の工場や物流センターにおいても、生産・出荷・入荷などの時間帯の調整、荷姿や輸送ロットの変更などの対応が必要となる。このため、モーダルシフトの促進にあたっては、物流事業者だけでなく、荷主も巻き込んだ推進体制の構築が求められる。

主な施策・事業

◎ 港湾・貨物駅周辺への集配拠点の整備
◎ 海運・鉄道の端末輸送としての共同集配システムの導入
◎ 首都圏環状貨物鉄道網の形成
◎ 既存施設を活用した内貿ターミナルの整備
◎ 競争促進を通じた港湾物流の利便性向上

Ⅲ リーディングプロジェクト

鉄道・海運活用型共同集配拠点の整備と共同集配システムの導入

● 鉄道・海運の端末輸送としての共同集配システムの導入

首都圏に集配拠点を持たない地方圏の中小トラック事業者などが鉄道・海運を利用して首都圏の複数の集配先との輸送を行う場合、その集配業務を共同で行えるシステムを導入する。具体的には、地方圏の中小トラック事業者などが共同で首都圏における集配業務を実施するケース、首都圏側のトラック事業者などと提携して集配業務を依頼するケースが想定される。

こうした共同集配システムを実現させるため、トラック協会などを通じた地方圏と首都圏のトラック事業者間の連携促進、共同集配事業を行う協同組合の設置支援などを行う。

　また、こうした輸送体系の再構築には、荷主の理解と協力が必要であることから、荷主に対する普及啓発活動や共同集配システムへの参画促進を行う。

●貨物駅・港湾周辺への共同集配拠点の整備

　鉄道・海運を活用した長距離輸送の首都圏側の端末輸送において、共同集配システムを導入するための拠点を主要な港湾・貨物駅周辺に設置する。（図15参照）

　この共同集配拠点は、トラックターミナルと類似した構造を持つ。すなわち、プラットホーム形式の片面は幹線輸送部分に用いられるコンテナ積載車やトレーラーが発着し、もう一方には共同集配に用いられる小型・中型トラックが発着する構造とする。

　また、対象とする貨物の特性に応じて、生鮮品や冷凍食品の輸送に対応したコールドチェーン、倉庫や流通加工場の併設などの対応が必要となる。

　設置箇所は、コンテナ列車の発着する貨物駅や東京湾内各港の内貿ターミナルの周辺とする。貨物駅としては、東京貨物ターミナル駅、川崎貨物駅、横浜羽沢駅（東海道貨物支線）や梶が谷・新座・越谷の各貨物ターミナル駅（武蔵野線沿線）など、内貿ターミナルとしては、東京港（一〇号地・芝浦ふ頭・品川ふ頭）、千葉港（船橋地区）、川崎港（浮島・東扇島地区）などが想定される。

図15 ● 共同集配拠点および共同集配システムのイメージ

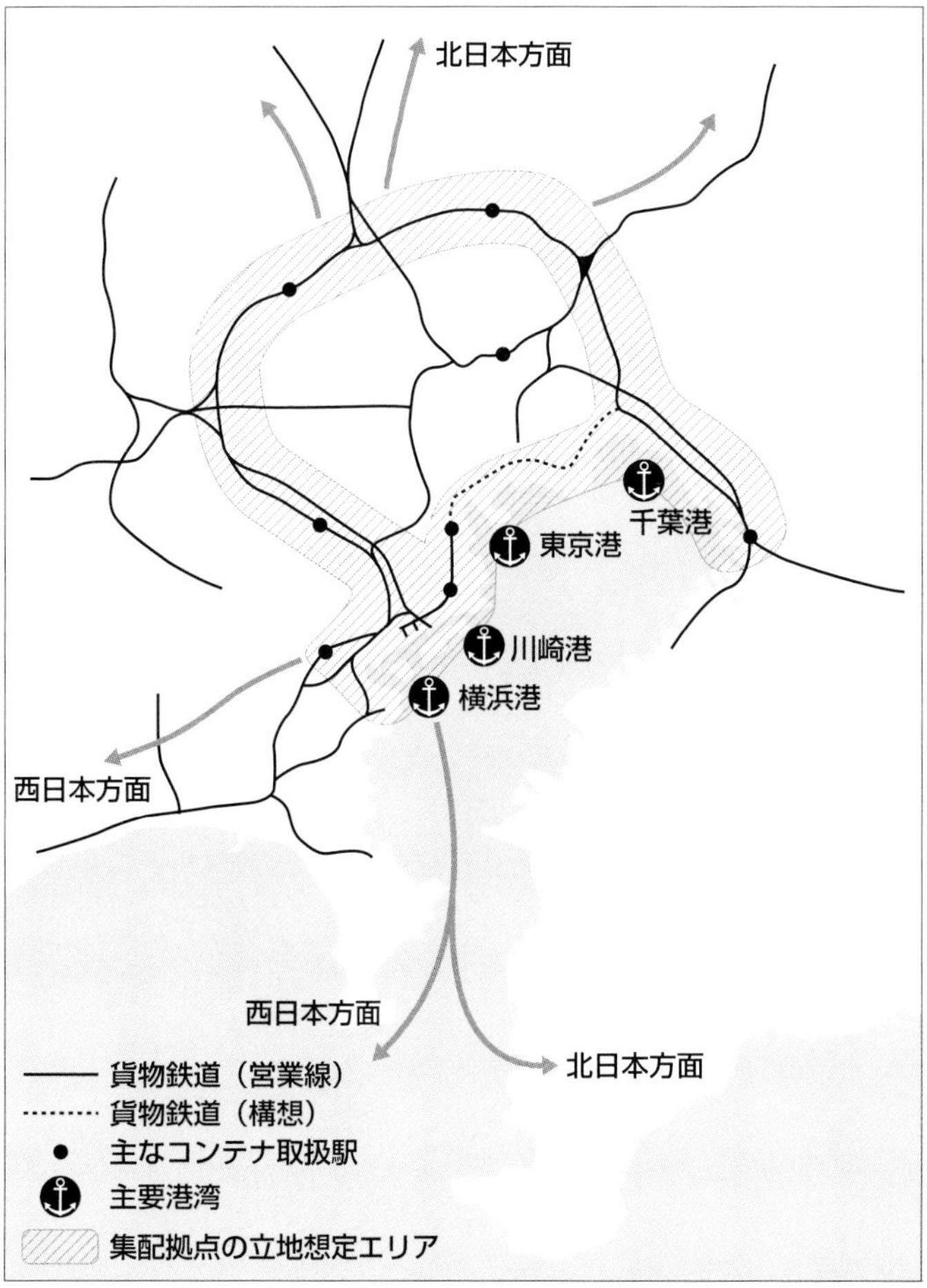

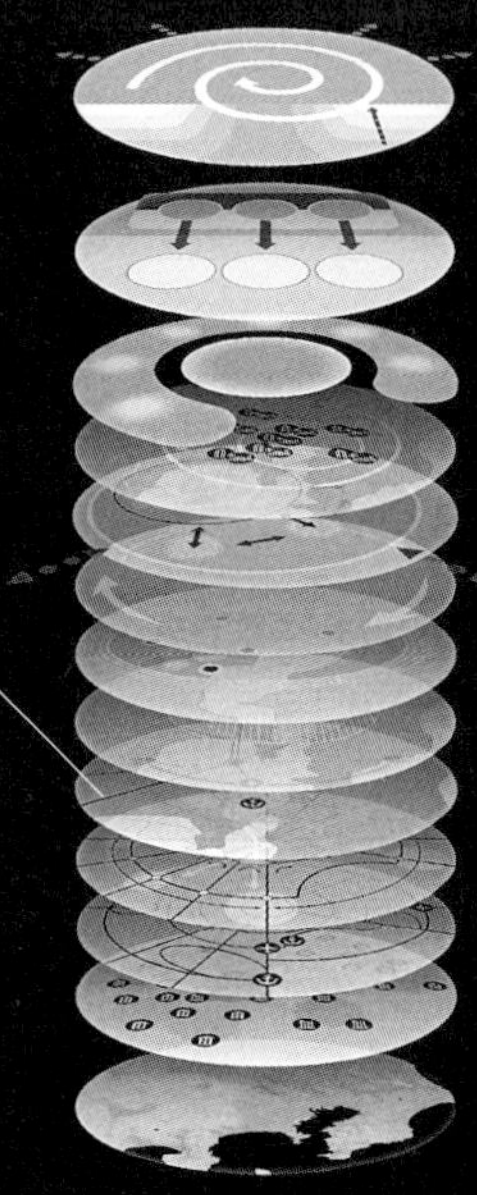

Layer-04　都市間交通ネットワーク

米軍・横田基地の民間共用空港化

60年後、米軍基地を取り巻く国際情勢は大きく変化し、
航空機騒音低減技術は飛躍的に進歩しているだろう。
その時、横田基地は、
成田・羽田とともに首都圏の空港機能を担う潜在能力を持っている。

Project-06

原田 昌彦

I 都市の問題点と課題

●羽田再拡張による首都圏第三空港問題の変化

首都圏の航空需要は予想を上回るペースで増加を続けており、二〇一五年頃には成田・羽田両空港とも空港能力が限界に達するとみられている。

世界的にみても、首都圏の空港は、人口規模の小さいニューヨークやロンドン、パリに見劣りする。

このため、**首都圏第三空港**の整備が検討されてきたが、ここ数年、羽田空港の国際化と再拡張が急浮上してきた。「都市再生プロジェクト」でも、羽田空港の再拡張の早期着手が位置づけられている。

首都圏第三空港問題は、国土交通省が二〇〇一年一二月、「羽田空港の再拡張に関する基本的な考え方」を決定し、新滑走路の位置を特定したことで、当面、その早期実現に重点が置かれることとなる。

●直面する発着枠の不足

成田・羽田両空港の能力が限界に達するのは、旅客数でみると二〇一五年頃とされているが、発着枠はすでに満杯であり、機材の大型化で旅客数の増加を吸収している。このため、十分な輸送需要が存在しながら増便による利便性向上が図られない路線が多数あり、首都圏のみならず、全国、海外の相手先地域にまで弊害が及んでいる。

羽田の再拡張には、**東京港における廃棄物埋立処分場と大型船航路の確保**という課題もあり、完成まで一〇年程度を要すると考えられることから、それまで発着枠の逼迫状況が続くことになる。

●横田基地の民間共用化への取り組みと課題

このような状況に対し、東京都は石原都政のもとで、米軍・横田基地の民間共用空港化に向けた積極的な取り組みを行っている。

米軍との交渉、騒音問題の解決といった課題はあるものの、横田基地は、短期的な発着枠逼迫への対応、長期的な首都圏第三空港問題の解決に対して、高い潜在能力を持つものと考えられる。

空港整備に関連する「都市再生プロジェクト」

【大都市圏における空港の機能強化】
◎ 成田空港の平行滑走路の早期完成
◎ 国際化を視野に入れた羽田空港の再拡張の早期着手(四本目の滑走路の整備)

表5 ● 世界主要都市圏の空港比較

	都市圏人口	旅客数(万人/年)	空港数	空港名	面積(ha)	滑走路本数、滑走路長(m)		都心からの距離(km)	旅客数(千人/年)	発着回数(千回/年)
ニューヨーク	約1,990万人	約8,400	3	J.F.ケネディー	2,052	4	4,442 3,460 3,048 2,560	24	31,355	336.3
				ニューアーク	820	3	2,835 2,500 2,073	25	30,916	443.0
				ラガーディア	263	2	2,134 2,134	15	21,607	332.6
ワシントンDC	約720万人	約4,200	3	ダレス	4,047	3	3,505 3,505 3,202	42	13,604	270.1
				ナショナル	275	3	2,094 1,584 1,440	5	※15,387	-
				ボルチモア	-	4	3,201 2,902 1,830 1,524	48	※13,163	-
ロンドン	約710万人	約9,400	5	ガトウィック	760	2	3,316 2,565	43	26,793	229.7
				ヒースロー	1,141	3	3,902 3,658 1,966	24	57,849	430.7
				スタンステッド	405	1	3,048	51	5,366	84.3
				ルートン	-	1	2,160	-	-	-
				ロンドンシティ	37	1	1,199	-	-	-
パリ	約930万人	約6,000	2	シャルル・ド・ゴール	3,104	3	4,215 3,600 2,700	25	35,103	395.5
				オルリー	1,534	3	3,650 3,320 2,400	14	25,023	237.1
ソウル	約2,053万人	約3,650	2	金浦	672	2	3,600 3,200	17	36,521	228.9
				仁川*	1,174	2	3,750 3,750	50	-	-
東京	約3,260万人	約7,500	2	成田	710	1(+1)	4,000 **2,500	66	23,744	122.3
				羽田	約1,100	3	3,000 3,000 2,500	20	49,302	219.2

注1) *仁川空港は、FirstPhaseの規模
注2) **2,500mの平行滑走路については、暫定措置として2,180mの工事に着手(2002年4月併用開始)
注3) 実績は、ICAO AIRPORT TRAFFIC の1997年実績による(※の数値は1996年実績)
羽田空港の実績は、空港管理状況調書1997年実績による
資料) 国土交通省ホームページ(http://www.mlit.go.jp/koku/koku.html)より作成

II プロジェクト

1 プロジェクトのあらまし

●基本的な考え方

当面は羽田空港の再拡張が実現するまでの空港能力の拡大、長期的には首都圏第三空港の役割を担うものとして、米軍・横田基地の民間共用空港化に向けた取り組みを推進する。

米軍基地の民間共用空港化は政府間の交渉事項であるため、実現には東京都のみならず国による強力な推進が欠かせない。また、横田基地は陸上空港であるため、騒音問題の解決も重要な課題となる。このため、民間共用化の前提となる米軍との調整、地域住民との合意形成を進めるほか、その結果を踏まえ、民間用施設や空港アクセスなどの整備を行う。

なお、茨城県の自衛隊・百里基地も民間共用空港化に向けて整備中であるが、これは主に茨城県内の航空需要を担うことになる。

●民間共用化に向けた米軍との調整

横田基地は、米空軍が主に輸送基地として使用しており、基地内には大型機の発着も可能な三三五〇メートルの滑走路のほか、軍人および家族用の住宅などが立地している。また、首都圏に位置するという戦略的な意味もあり、現段階では、東京都が最終目標とする基地返還の可能性は低いと考えられる。

しかし、青森県の米軍・三沢基地では、米軍、自衛隊、民間の共用化が実現していることから、横田基地にも民間共用空港化の可能性はあるものと考えられ、その実現に向けた交渉・調整を推進する。その際、米軍基地としての機能に支障のない範囲での利用ということになるが、特に成田・羽田両空港の能力が逼迫する時期（年末年始、ゴールデンウィークなど）に集中的に民間利用枠を確保する方向で調整する。

●地域住民との合意形成と騒音対策

民間航空機の騒音は、消音装置の装着や騒音低減運航方式の採用などにより、米軍機と比較して大幅に低い水準にあるとはいえ、民間共用化によって基地周辺の騒音は拡大する。

横田基地周辺はすでに宅地化が進んでいることから、民間共用空港化にあたっては地域住民の理解と協力を得ることが不可欠であり、あわせて万全の騒音対策を講じる必要がある。

なお、国土交通省による首都圏第三空港の候補地検討では、航空機騒音の予測結果に基づき陸上空港の設置は困難としているのに対し、東京都は、米軍機離着陸の多い日に民間機五四回の離着陸を加えても、騒音による影響は許容範囲内にあるとしている。

●民間用施設および空港アクセスの整備

横田基地の民間共用空港化にあたって必要となる旅客ターミナルなどの施設、国際線発着に必要なCIQ（税関、出入国管理、検疫）などの整備を行う。

空港アクセスについては、JR拝島駅、福生駅など既存の鉄道駅に比較的近接し、当初はピーク期の臨時便やチャーター便の利用が中心となると考えられることから、バスを

図16 ● 米軍・横田基地の位置と周辺図

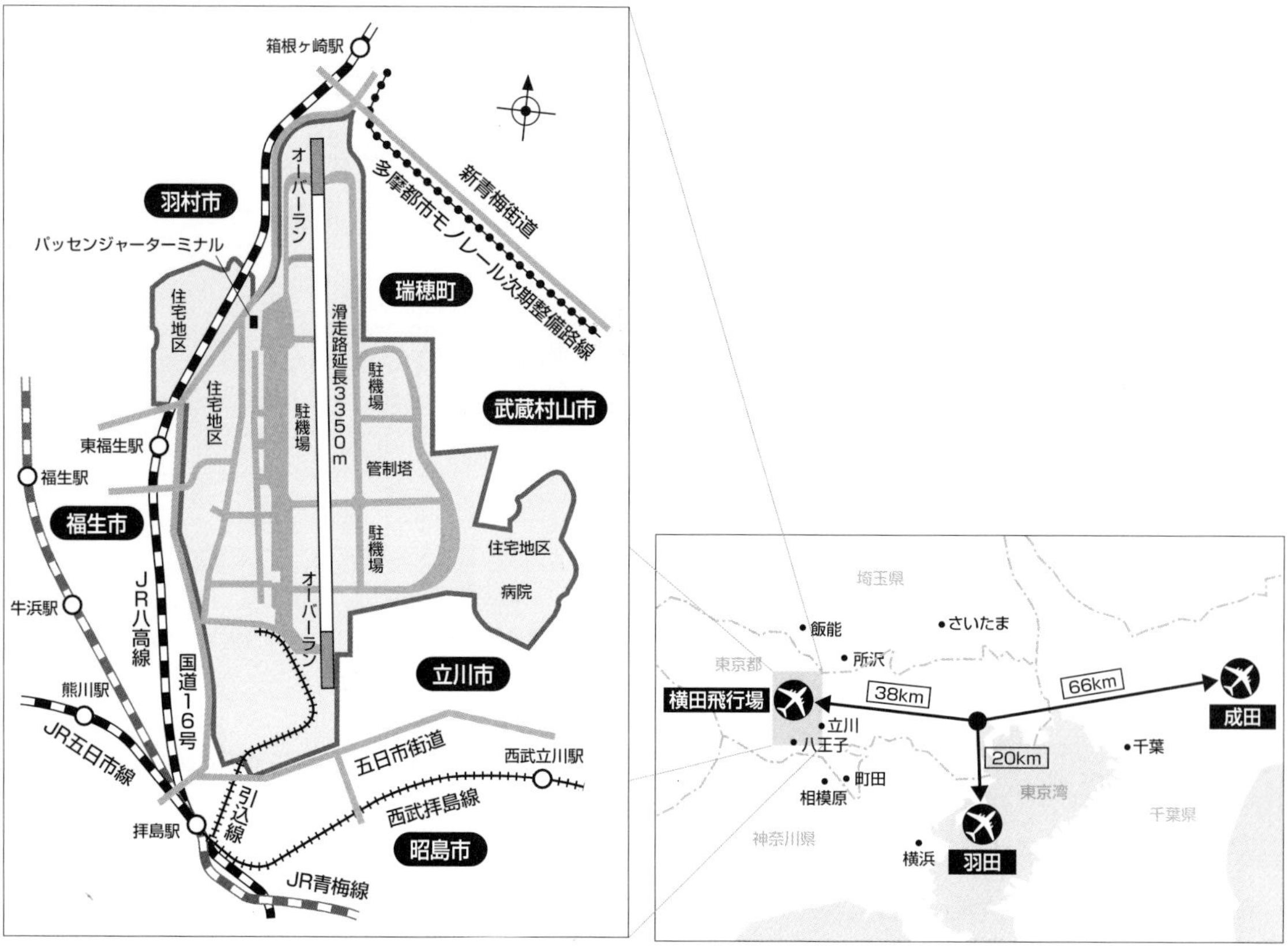

資料）東京都ホームページ（http://www.chijihonbu.metro.tokyo.jp/kiti/index.htm）より作成

基本として利便性向上を図る。基地返還が実現し、本格的な民間空港として活用する段階で、鉄道の乗り入れなどを検討する。また、国道一六号などアクセス道路の強化を行う。

●航空貨物基地としての活用

首都圏郊外の内陸部では、工場や物流センターなどの立地が進展しており、航空貨物需要も十分に見込まれることから、空港内の貨物施設の整備とともに、周辺への航空フォワーダーの集積を促進する。

●首都圏における空域の再編

首都圏上空において、米軍は一都八県にまたがる広大な**横田空域**を管理しているが、成田・羽田両空港に発着する民間航空機は横田空域を避けて飛行しなければならないため、ルート設定や航空路新設に制約を受け、航空路の過密化を招いている。横田基地の民間共用空港化に際して、首都圏上空の空域再編についても米軍側と交渉・調整する必要がある。

●チャーター便による実績づくり

これまでも民間航空機の発着は例外的に行われていることから、本格的な民間共用空港化の実現のためには、チャーター便の利用実績を積み重ねていくことが有効と考えられる。

2　期待される効果と影響

●当面の空港能力の拡大と本格的な民間共用化

横田基地の民間共用空港化は、既存施設を活用できるため、羽田の再拡張よりも短期間で実現が可能と考えられ、発着枠の不足に伴う当面の機会損失を最小限にすることができる。

また、横田基地は米軍からの返還後、本格的な民間空港として活用し、成田・羽田両空港とともに首都圏の空港機能を担うことが期待されるが、民間共用化はその実現に向けた道筋をつけることになる。

●首都圏西部地域における利便性向上

首都圏西部地域における空港利用時の利便性が向上するとともに、周辺地域の人口規模が大きく、都心から約三八キロメートルと成田空港と比較しても近いため、大きな輸送需要が期待される。

●周辺地域の活性化

民間航空機発着に対応した各種サービス産業や、利便性のよさを評価して新たに立地する産業などにより、周辺地域の活性化が期待される。

主な施策・事業

◎ 民間共用空港化に向けた米軍との調整
◎ 地域住民の合意形成と騒音対策
◎ 民間用施設および空港アクセスの整備
◎ 航空貨物基地としての活用
◎ 首都圏上空における空域の再編
◎ チャーター便による実績づくり

Ⅲ　リーディングプロジェクト

公的目的による民間航空機の乗り入れ実現

横田基地には、これまでにも米軍がチャーターした民間航空機の乗り入れ実績があるが、民間需要を対象としたチャーター便が米軍基地に乗り入れることは、容易には認められない。

そこで、まず軍事以外の公的な目的によるチャーター便を運航させることが有効である。具体的には、国もしくは東京都などが海外へミッションを派遣する際に利用することなどが想定される。

国際イベント開催時などにおける国際チャーター便の運航

公的目的以外で、チャーター便の乗り入れが認められる可能性が考えられるのは、横田基地を利用する特別な理由が存在する場合である。

例えば、二〇〇二年六月のサッカー・ワールドカップ開催時は、日韓間の移動需要や世界各国からの来日客が大量に発生すると見込まれるため、試合会場近くの空港を中心に、多くの国際チャーター便が運航されるものと考えられる。このように、国際的なイベントなどが横田基地周辺地域で開催される場合が、チャーター便運航の実績づくりの好

チャーター便による実績づくり

横田基地におけるチャーター便運航の方向性

地方空港などにおいては、チャーター便の利用実績を積み重ねることで定期路線開設をめざすことが多いが、横田基地においては、まずチャーター便の運航自体を認めるところから始める必要がある。

このため、純粋な民間利用ではなく、公的な目的によるチャーター便など、比較的乗り入れが認められやすいと考えられるものから乗り入れを実現させ、段階的に一般的なチャーター便の乗り入れ拡大をめざしていくことが有効である。

機となる。

また、羽田空港は基本的に国内専用とされてきたが、二〇〇一年二月より深夜・早朝に限って国際チャーター便の発着が認められており、ワールドカップ開催時は日中の発着も一部認められることとなっている。このように、繁忙期などで成田・羽田両空港の能力が逼迫している時期に、首都圏にチャーター便を発着させる場合も、横田基地活用の好機となる。

地域住民を対象としたチャーター便の運航

横田基地周辺の住民を対象として、チャーター便を活用した旅行を実施することは、横田基地にチャーター便が発着する理由づけとなるとともに、その利用メリットを広くアピールすることにもつながる。このため、一般のチャーター便乗り入れが認められた後は、こうした取り組みを積極的に推進していく必要がある。

貨物チャーター便の運航

通常の航空コンテナには積載できない特殊貨物（馬・牛・家畜、競走用自動車、長尺貨物・重量貨物など）を航空輸送する際には、貨物チャーター便が利用される。こうした輸送需要が横田基地周辺で発生する場合も、横田基地を利用するメリットが大きいことから、チャーター便乗り入れが期待される。

チャーター便の定期便化

羽田空港における深夜・早朝の国際チャーター便発着枠は週二往復であったが、二〇〇二年四月以降、週三五往復と大幅に拡大されることとなった。これを受けて、全日空では羽田～ソウル便を年間を通じて毎週末に運航することを発表し、事実上の定期便化を図ることとした。

このように、チャーター便をほぼ定期的に運航することで、実質的な定期便化が図られる。

横田基地においても、チャーター便の乗り入れが実現した際には、その利用促進と実質的な定期便化を進めていくことが想定される。

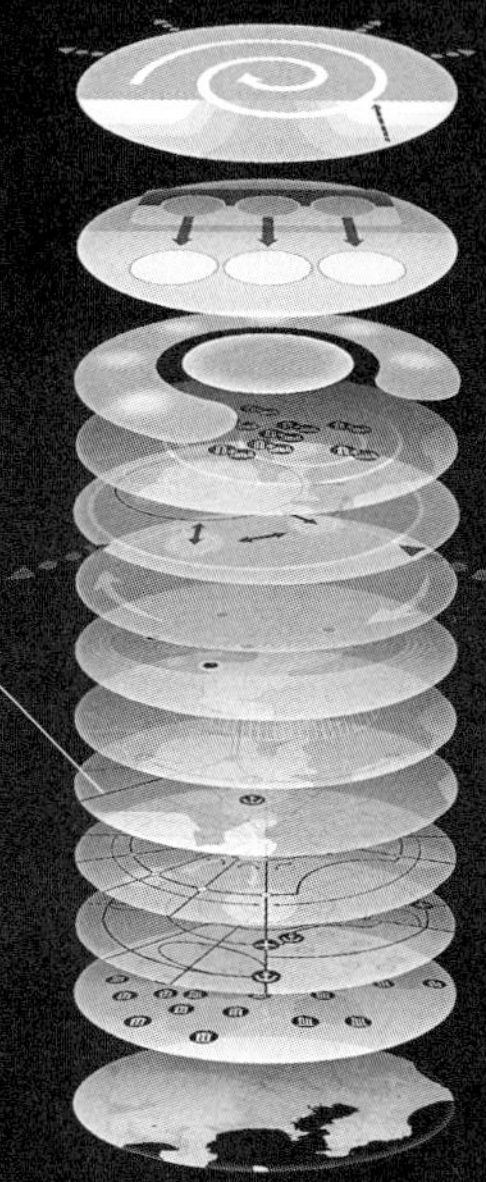

Layer-04　都市間交通ネットワーク

空港アクセスの利便性向上

成田・羽田両空港の空港機能を最大限に活用するためには、
空港アクセスの強化が不可欠である。
特に、羽田空港の再拡張への対応が求められる。

Project-07

原田 昌彦

I 都市の問題点と課題

脆弱な首都圏の空港アクセス

成田・羽田両空港は、人口三〇〇〇万人を超える首都圏を背後に抱えることに加え、その利用エリアは北関東や甲信・静岡など広範囲に及んでいる。このため、各方面からの良好なアクセスが確保される必要がある。また、国内線・国際線の乗り継ぎを考慮し、両空港間の移動の利便性向上も求められる。

成田空港へのアクセスについては、都心から約六〇キロメートルも離れているため、所要時間の長さが最大の問題である。ただし、JR成田エクスプレスと京成スカイライナーがサービス向上を競っており、特に成田エクスプレスはJRのネットワークを活用して、東京、新宿、池袋、横浜、大宮、立川など主要ターミナル駅からの直通運転を実施している。

一方、羽田空港については、東京モノレールと京急空港線が乗り入れているが、モノレールは沿線の通勤通学需要も輸送対象としているため、輸送力に限界があり、都心側ターミナルである浜松町駅も狭隘化している。京急は品川駅から直通するものの、東京、新宿、池袋各駅などからはいずれも乗り換えが必要であり、埼玉・千葉方面からのアクセスも十分とはいえない状況にある。

このため、成田・羽田両空港とも、各地からの空港直通バスにアクセス機能の多くを依存している。

「都市再生プロジェクト」の効果と限界

こうしたことから、「都市再生プロジェクト」では、空港アクセスの利便性向上については可能な限りの施策を集中的に投入するとしている。

それらの施策が実現すると、京成スカイライナーの東京駅乗り入れと大幅な所要時間短縮が可能となり、成田空港へのアクセス性は大幅に向上する。

一方、羽田空港については、京急の東京駅乗り入れや輸送力増強、横浜方面からの利便性向上が実現する。また、二〇〇二年一二月に予定される東京臨海高速鉄道りんかい線とJR埼京線の直結により、天王洲アイル駅において、現在の千葉方面に加えて埼玉方面からも東京モノレールへの乗り換えが可

空港アクセス関連の「都市再生プロジェクト」

【大都市圏における空港アクセスの利便性向上】

◎ 成田への新たな鉄道アクセスルート（北総・公団線の延伸：Bルート）の早期整備
◎ 成田への新たな道路アクセスルート（東京外かく環状道路東側区間の早期整備、北千葉道路の計画の早期具体化）
◎ 都営浅草線の東京駅接着および追い抜き線新設の早期実現
◎ 京急蒲田駅改善事業の早期実施

能となる。ただし、東京駅ルートを除いて、主要ターミナル駅からの直通化は実現しないため、今後も乗り換えが多く発生することになる。

● 羽田再拡張に対応したアクセス強化の必要性

首都圏の空港能力強化に向けて、国際化も視野に入れた羽田空港の再拡張が実現に向けて動き出した。その実現により、羽田空港の利用者が増加し、空港アクセスの輸送力増強が求められるとともに、国際線就航に伴い、JR成田エクスプレスや空港直通バスのような各地からの直通性の向上や、首都圏外部も含めた広域的なアクセス性向上が一層求められる。

● 既存施設を活用した羽田アクセスの強化

こうしたことから、羽田空港のアクセス強化に向けた追加的な取り組みが必要である。その際、羽田周辺には、JR東海道貨物支線や東京臨海高速鉄道りんかい線など、既存の鉄道施設が存在することから、これらの活用も視野に入れる必要がある。

II プロジェクト

1 プロジェクトのあらまし

● 基本的な考え方

成田空港への所要時間短縮と、成田空港～東京駅～羽田空港の直結化を図るため、「都市再生プロジェクト」として決定している成田への新たな鉄道アクセスルート（Bルート）の整備や都営浅草線の東京駅接着などを推進する。

同時に、羽田空港の再拡張をにらみ、首都圏内外からの利便性向上や輸送力増強を図るため、**JR東海道貨物支線の貨客併用化**構想と連携して、臨海副都心方面（東京臨海高速鉄道りんかい線東京テレポート駅）および都心方面（浜松町付近）～天空橋駅（京急空港線・東京モノレール）～横浜方面を結ぶ新たなアクセスルートを形成し、JRネットワークと結んで各方面からの直通運転を推進する。将来的には羽田空港に直接乗り入れる新線建設を検討する。

東京モノレールについては、羽田空港に直接乗り入れる路線として、上記の新ルートをはじめ、各路線からの乗り換え利便性を向上させる。

● JR東海道貨物支線の活用などによる新たな羽田アクセスルートの形成

都心方面（浜松町付近）～東京貨物ターミナル～天空橋～横浜方面のJR東海道貨物支線を貨客併用化し、天空橋に駅を設置して東京モノレール・京急空港線と連絡する。さらに、都心方面はJR東北・高崎・常磐線との直通化（**Project-03**参照）を行うことにより、都心部、埼玉・常磐方面、横浜方面からの新たな羽田アクセスルートを形成する。

また、東京テレポートと東京貨物ターミナル間も既存施設で結ばれていることから、これを旅客線化するとともに、総武線・京葉線接続新線（新浦安～船橋～津田沼：**Project-03**参照）を整備することにより、横浜方面～天空橋（羽田空港）～成田空港・千葉方面を直通化し、臨海副都心・千葉方面からの新たな

図17 ● 空港アクセス鉄道の整備案

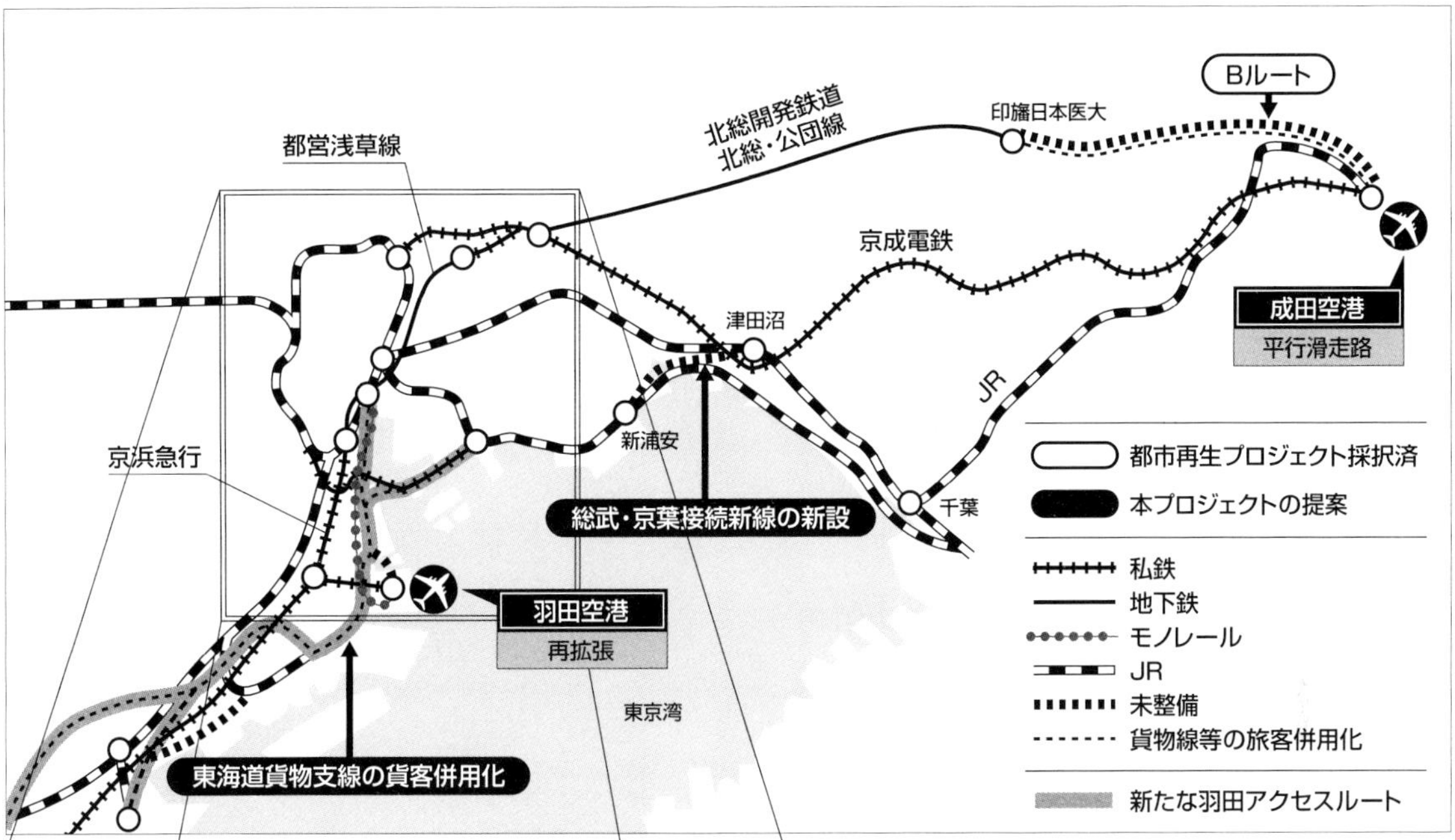

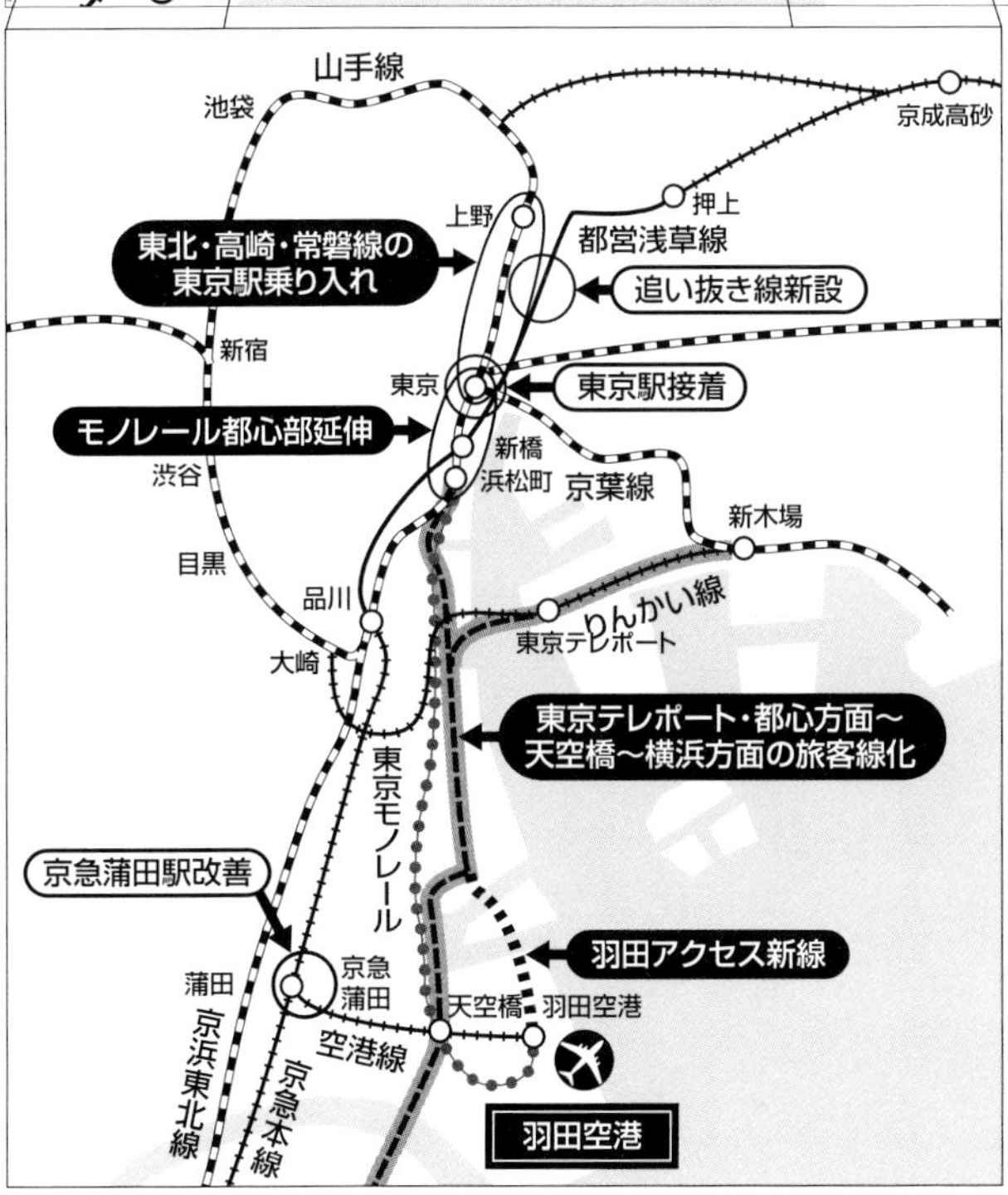

資料）国土交通省、東京都資料より作成

羽田アクセスルートを形成する。

さらに、羽田空港の再拡張にあわせて、東京貨物ターミナルから羽田空港に直結する羽田アクセス新線（仮称）の整備を検討する。その際には、新幹線大井車両基地への連絡線を延伸し、ＪＲ東北・上越新幹線と直通させることも含めて検討する。

● 東京モノレールの利便性向上

東京モノレールの起点である浜松町駅は、輸送力増強と乗り換え円滑化のため、検討中のJR浜松町駅東側への移設と浜松町駅接続部分の複線化を早急に実施する。加えて、JR東日本による東京モノレールの経営権取得が決定したことを踏まえ、JR線の上空区間などを活用した新橋駅もしくは汐留地区や東京駅への延伸を検討する。

また、JR埼京線と東京臨海高速鉄道りんかい線の直通化により、新宿方面からの乗換駅ともなる天王洲アイル駅や、貨客併用化されたJR東海道貨物支線と連絡する天空橋駅の改良を行い、乗り換え利便性を向上させる。

2　期待される効果と影響

● JRネットワークを活用した多方面にわたる空港アクセス性の向上

新たな羽田アクセスルートは、JRネットワークと接続することで、成田エクスプレスや新宿湘南ライン（東海道線・横須賀線の新宿方面乗り入れ）にみられるような多様な運行系統の導入が可能となり、横浜、千葉、埼玉など各方面との直通化が図られる。

羽田アクセス新線や総武線・京葉線接続新線が実現すれば、羽田空港乗り入れ路線の多様化や、成田空港～羽田空港の複数ルート化が実現し、選択性の拡大や、路線間の競争によるサービス向上が期待される。

● 臨海部各地区の活性化の促進

新たな羽田アクセスルートは、横浜みなとみらい21、東京臨海副都心、東京ディズニーリゾートなど、臨海部各地区相互の連携や、他地区からこれらの地区へのアクセス性を向上させるとともに、京浜臨海部の活性化を促進する。

● 首都圏における外郭環状交通網の形成

貨客併用化されたJR東海道貨物支線を介して、東京臨海高速鉄道りんかい線とJR京葉線・武蔵野線・南武線とが結ばれることにより、首都圏の外郭環状交通網が形成され、放射交通網が中心であった東京の都市内交通ネットワークの充実が図られる。

3 実施上の留意点

●事業採算性を考慮した段階的な整備

新たな空港アクセスルートや羽田アクセス新線（仮称）は、羽田空港再拡張事業の進展や京浜臨海部の開発動向などにより輸送需要が大きく左右されるため、事業採算性を考慮し、状況を見極めながら段階的に整備を進める必要がある。

●異なる運行主体間の直通化への対応

複数路線間の相互直通運転を行う際、ルート上の運営主体が多数に及ぶことになる。東京臨海高速鉄道や貨客併用化後の東海道貨物支線の運営主体（未定）を挟んで、両端部がＪＲ東日本となるケースでは、中間部の運営主体における運賃収受のあり方が問題となる。これが直通運転の阻害要因とならないよう、施設保有と運営との**上下分離**を行い、ＪＲ東日本が一括して運営するなど、適切な対策を講じる必要がある。

主な施策・事業　（都市再生プロジェクトにて採択済み事業を除く）

◎ JR東海道貨物支線などの活用による新たな羽田アクセスルートの形成
◎ 総武・京葉接続新線（新浦安～船橋～津田沼）の新設（Project-03参照）
◎ JR東北・高崎・常磐線の東京駅乗り入れ（Project-03参照）
◎ 東京貨物ターミナル～羽田空港の「羽田アクセス新線」の検討
◎ 上記各路線を活用した多様な運行系統の導入
◎ 東京モノレールの利便性向上

Ⅲ リーディングプロジェクト

新たな羽田アクセスルートの段階的整備

既存施設の活用による先行的なルート形成

ＪＲ東海道貨物支線は、京急空港線・東京モノレールの天空橋駅付近を通過しており、その北側は東京貨物ターミナル～ＪＲ浜松町駅付近に至っている。一方、天空橋駅付近以南は、鶴見駅付近からＪＲ東海道線とほぼ並行して小田原まで路線があるほか（ただし横浜駅は経由しない）、途中分岐して桜木町駅でＪＲ根岸線にも接続している。

東京臨海高速鉄道りんかい線の車両基地は東京貨物ターミナル隣接地に設置されており、旧国鉄時代に京葉貨物線の一部として建設されたルートを経由して東京テレポート駅と連絡している。

このため、都心方面・東京テレポート～東京貨物ターミナル～天空橋～横浜方面は、基本的に既存施設を活用した列車運行が可能である。そこで、浜松町および天空橋に駅を設置し、先行的に同区間への旅客列車運行を実現させる。

同ルートは、新たな羽田アクセスルートとして活用できるほか、朝夕ラッシュ時のＪＲ東海道線バイパスルート、横浜方面～臨海副都心・京葉線方面の短絡ルートとして活用できる。

各種構想の進展を踏まえた追加的な整備の実施

先行的なルート形成の後、本ルートに関連する各構想との連携を図りながら追加的な整備を行うことで、相乗効果の発揮、費用負担の分散化などが可能となる。

ＪＲ東海道貨物支線の京浜臨海部区間は、京浜臨海部の再開発進展による輸送需要の増加に応じて、途中駅の設置や新線建設（ＪＲ川崎駅へのアプローチ線や海側ルートが途切れている区間の新設など）を行う。

都心方面については、当初は浜松町駅折り返しとするが、ＪＲ東北・高崎・常磐線の東京駅乗り入れおよびＪＲ東海道線直通化にあわせて、東海道線との直通運転を実施する。

多様な運行系統の実現

先行的なルート形成の段階では、東京テレポートから東京臨海高速鉄道りんかい線およびＪＲ京葉線・武蔵野線方面、天空橋駅以南は東海道貨物線小田原方面や桜木町方面との直通運転が可能である。

追加的な整備や他のプロジェクトの進捗に応じ、ＪＲ総武線やＪＲ東北・高崎・常磐線との直通運転も可能となる。さらに、羽田アクセス新線（仮称）を在来線として整備すれば成田空港～羽田空港直通特急の運転、新幹線として整備すればＪＲ東北・上越新幹線の羽田空港乗り入れも可能となる。

表6 ● 各整備段階において可能となる運行系統例

整備段階	運行系統	空港アクセス機能の強化						その他の主な効果
		羽田空港				成田空港	成田・羽田相互	
		都心部	横浜方面	埼玉・常磐方面	千葉方面	横浜方面		
先行的なルート形成の段階	小田原～天空橋～浜松町(～東京)	○	○					東海道線の混雑緩和
	桜木町～天空橋～京葉線方面		○					臨海部各地区の連携強化
東北・高崎・常磐線東京駅乗り入れ	東北・高崎・常磐線～天空橋～横浜方面	○	○	○				
総武・京葉接続新線	成田空港～千葉～天空橋～横浜方面		○			○	○	
上記＋羽田アクセス新線	成田空港～羽田空港				◎		◎	
	京葉線～羽田空港				◎			
	東北・高崎・常磐線～羽田空港	◎		◎				
京浜臨海部の路線・駅の新設	－	－	－	－	－	－	－	京浜臨海部の再開発促進
東京貨物ターミナル～新木場方面間の貨物線としての活用	－	－	－	－	－	－	－	首都圏環状貨物鉄道網の形成

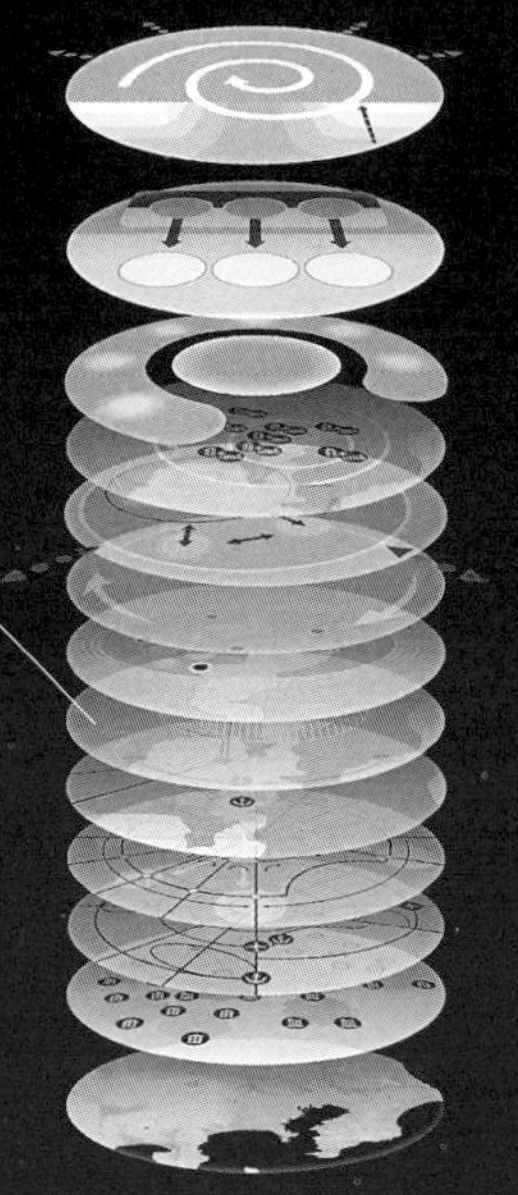

Layer-05　土地利用システム

国公有地などの有効活用の推進

産業活動と生活の場としての土地本来の機能を最大限に活用するためには、
低未利用な状態のまま眠っている土地の有効利用が必要である。
権利関係が複雑化し、所有権や利用権の移転が困難な民間低未利用地は多い。
しかし、こうした問題がないにもかかわらず、
国公有地や特殊法人の保有する低未利用地についても、
相当規模の土地が放置されている。
そこで、低未利用の国公有地や特殊法人などの保有地について、
その有効活用方策を提案する。

大塚　敬

Project-08

I 都市の問題点と課題

国公有地などの有効利用の必要性

行政施設用地など公益的な目的での利用が将来的にも困難な低未利用地については、民間資本の導入による有効活用を早急に実施することが望ましい。低未利用なまま放置されている国公有地などは、保有主体に応じて多種多様であるが、特に有効利用が急がれる低未利用地として、①特殊法人が保有する未利用地、②有効利用度の低い都心中心部の国公有地、③自治体が設立した**土地開発公社**の長期保有土地の三つがあげられる。

特殊法人が保有する低未利用地

現在改革に向けた議論が最終局面にある特殊法人は、現状では設置法によって不動産の処分や活用に関し厳しい制約が課せられている。都市基盤整備公団に代表される設置目的に開発事業が含まれる法人を除けば、一般に各法人の設置法は、業務として不動産事業を行うことを認めていない。したがって設置目的にそった本来業務に必要な土地しか原則として取得できない。このため、建前としては不要な土地（すなわち低未利用地）はほとんど保有していないことになっている。仮に低未利用地を保有している場合も、保有する土地の運用や売却について厳しい制約が課せられているため、当面本来業務に利用する予定のない土地を他の用途に活用するといったことは通常なされていない。

しかし実際には、本来の業務のための土地を先行的に取得することが必要な場合が多い。そして、先行取得した土地を必ずしも計画通りに活用できるとは限らないため、結果的に低未利用地化している土地が少なくない。

今後、特殊法人改革が進展し、民営化される特殊法人においては、これまでないとされていた低未利用地が一気に顕在化する可能性が高い。

例えば、旧電電公社の民営化に際して、NTTは、本来業務に不要な低未利用地を有効活用するために、低未利用不動産の現物出資により（株）NTT都市開発を設立して、オフィスビル賃貸事業を始め、幅広い不動産事業を展開している。また、（株）日本たばこ産業（JT）は、民営化以来、技術革新により不要となった工場跡地の複合商業施設への転換を中心とした高度利用を推進している。東品川四丁目地区の保有地（五・三ヘクタール）を再開発し、複合商業施設および集合住宅地を整備する計画はその代表例である。

こうした民営化の先進事例にみられる通り、特殊法人が東京に保有する土地で、技術革新の進展や社会的な役割の変化などによって必要性が低下し、低未利用地となっているものが相当量存在していると見込まれる。今後特殊法人改革が進展し、民営化が進展すると、低未利用地を有効活用する動きが活発化することが見込まれる。

有効利用度の低い都心国公有地の存在

国や地方公共団体が都心に保有する施設のうち、築年数の古い施設は、現行の都市計画に規定された容積率を大幅に下回る利用のものが多い。

築年数の古い公務員宿舎やターミナル駅の駅前に立地する基幹郵便局の用地などは、高層ビルに囲まれた都心の一等地にありながら、中層程度の建築物を設置するにとどまっている。

そこで、自民党は、二〇〇一年二月、党内に「公有地高度利用プロジェクトチーム」を発足した。同プロジェクトチームでは、都心の老朽化した中低層の公務員住宅を高層ビルに建て替え、余裕容積を分譲・賃貸マンションや民間オフィスとして活用することを検討している。具体的な検討対象として、港区内の四つの公務員宿舎について高層化の可能性を検討するとしている。都心の公務員宿舎については、一九八三年に旧大蔵省理財局長の私的研究会として設置された「公務員宿舎問題研究会」で同様の検討がなされている。その結果報告にもとづき、一九八八年に新宿・西戸山住宅地区において、現存する公務員宿舎（約四〇〇戸）を建て替えて高層化するとともに、高層化によって生み出された用地を民間に売却し、民間主体による高層住宅（五七六戸）を新規に供給している。しかし、その後こうした取り組みが活発に進展したとはいいがたい。このため、今後こうした取り組みの対象を拡大し、事業化を早めていくことが必要である。

●首都圏自治体土地開発公社保有地の塩漬け状態

土地公社が保有する土地は、主として地方公共団体が公有地として活用する土地を先行的に取得したものだが、かなりの規模の土地が活用されることなく塩漬け状態になっている。土地開発公社を設置していない東京都を除き、神奈川、埼玉、千葉の各県と各都県下の市町村が設置する土地開発公社が保有する土地は、保有期間五年以上の土地で約一兆二二一三億円（保有土地全体の六六・八％）、保有期間一〇年以上の土地で約三四七〇億円（同一九・〇％）に上る。中でも川崎市土地開発公社は、保有土地の八九・六％が保有期間五年以上、保有期間一〇年以上が四八・〇％と保有土地の概ね半分が一〇年以上と長期保有されており、その多くが利用されることなく塩漬け状態となっている。

こうした状況に対し、総務省は、経営が悪化している土地開発公社を抱える自治体を「経営健全化団体」に指定し、地方債や特別交付税で土地買い取りを促す制度を設けている。このため、今後土地開発公社が長期保有する土地の処分は進むと想定される。しかし、公社から土地を取得した設置母体の自治体がこの土地を有効活用しなければ問題の解決にはならない。これまでの経緯からみて、自治体による有効活用が見込まれない土地も相当程度生じると予想される。このため、こうした土地の民間事業者による活用の活性化が必要となっている。

表7 ● 1都3県の土地公社の塩漬けとなっている土地の規模（2000年度末）

（単位：百万円）

		a.総保有額	b.5年以上保有		c.10年以上保有	
			保有額	比率b/a	保有額	比率c/a
埼玉県	県	91,930	55,900	60.8%	24,080	26.2%
	市町村計	429,362	327,352	76.2%	109,941	25.6%
千葉県	県	101,210	2,467	2.4%	2,467	2.4%
	千葉市	43,994	34,925	79.4%	0	0.0%
	他市町村計	139,987	85,026	60.7%	29,402	21.0%
東京都	特別区計	160,719	98,587	61.3%	12,981	8.1%
	市町村計	126,040	79,443	63.0%	19,690	15.6%
神奈川県	県	41,588	3,083	7.4%	1,972	4.7%
	横浜市	359,048	305,330	85.0%	50,186	14.0%
	川崎市	120,664	108,146	89.6%	57,883	48.0%
	他市町村計	212,939	121,057	56.9%	38,367	18.0%
1都3県計		1,827,481	1,221,316	66.8%	346,969	19.0%

資料）総務省資料より作成

II プロジェクト

1 プロジェクトのあらまし

●特殊法人の保有不動産有効活用の前倒し実施

特殊法人が民営化される段階においては、これまで潜在化していた低未利用地が相当程度顕在化し、処分されるものと想定される。これにより、眠っていた土地の有効利用が促進されることとなるが、特殊法人改革はまだ緒についたばかりであり、NTTやJTの例のように民営化し、本格的な不動産事業として有効活用が推進されるまでには相当な時間を要すると想定される。また、最終的に民営化が見送られる特殊法人も少なくないと想定されることから、規制緩和により、特殊法人の保有不動産の有効活用を前倒し実施する。

●都心部における低未利用地な国公有地等の洗い出し

都心部における国・地方公共団体や特殊法人が保有する不動産のうち、低未利用であり、容積率利用度が低いなど、有効活用の余地のある不動産の洗い出しを行い、データベース化をはかる。これを広く公表し、民間事業者の発意による開発提案を募り、民間事業者の意欲を生かしたスピーディーな事業化により有効利用をはかる。

●国有地などの貸借契約制度の確立

国有地は、現状において遊休地化していても、将来に公益的な利用の必要性が生じた場合に速やかに行政目的で利用することを可能とするため、原則として民法や借地借家法上の賃借権などの権利を付着させることは認められず、公有地や特殊法人の保有する不動産もこれに準じた扱いがなされている場合が多い。

このため、国公有地の有効活用は、これまで売却が中心となってきたが、将来にわたって行政目的での使用の可能性がないことが明確でないと売却に踏み切りにくい。また、容積率利用度が低い土地で、限られた容積ではあっても今後ともこれを行政目的で利用する土地においては、行政と民間事業者が同一の建物を立体的に区分して利用する合築での利用が想定されるが、この場合、土地建物双方に賃貸借契約が必要となる。この際、従来は「貸付」として、権利を付着させずに利用させる方式がとられてきたが、この方式では借り手の権利保護が明確でなく、民間企業側に不安があることなどから広く普及しているとはいいがたい状況にある。

そこで、国公有地および特殊法人保有地に対し、民間事業者が投下資金を回収するために十分な期間として概ね二〇年程度の利用を保証する賃貸借契約制度を創設する。これまでにも、公有地において、利用保証期間を設定した貸付契約が締結された例はあるが、統一的な制度として確立することにより、国公有地などの貸付契約に対する民間事業者の不安を払拭し、投資意欲を高めることが期待される。

2 期待される効果と影響

● 低未利用地の保有や利用の権利の円滑な移転

民間が保有する低未利用地と異なり、国公有地などの低未利用地は、規制以外には複雑な権利関係などの有効活用を妨げる要因がない場合が多い。規制を緩和すれば速やかに有効利用されることが期待できる。このため、低未利用な土地の保有や利用の権利が、有効利用可能な主体に円滑に移転される土地利用の仕組みづくりの端緒として有効性、即効性が高い。

● 開発投資の誘発と都心部への新たな機能の導入促進

低未利用な国公有地などの実態を明らかにし、有効活用を促進することで、新たな開発用地・空間の供給により、都心部への民間開発投資需要を誘発し、多大な経済波及効果が期待できる。また、新しい商業、業務機能や文化機能の導入を促し、東京都心部の都市機能の更新・高度化が期待できる。

主な施策・事業

◎ 東京都心部における国公有地などの低未利用不動産データバンクの作成と斡旋
◎ 国公有地などに係る賃貸借契約制度の確立
◎ 特殊法人における兼業規制緩和や保有不動産の管理処分規制緩和

Ⅲ リーディングプロジェクト

特殊法人の不動産活用に関する規制緩和の実施

● 特殊法人の規制の緩和による潜在的低未利用地の有効利用促進

特殊法人は、本来業務に不動産関連事業が含まれている法人を除けば、不動産の分譲、賃貸などを業として行うことはもちろん、不動産事業への投資、すなわち子会社を設置しての低未利用地の運用もできない。さらに、不動産業としてではなく、本来業務に必要な土地であっても、新たな土地を取得することはもちろん、土地の売却、賃貸、担保権設定などに許認可が必要な場合が少なくない。こうした規制があるために、現状では低未利用地であっても、将来、業務用地としての活用する可能性を考慮して保有し続ける意識が働き、特殊法人が保有する低未利用地の流動性を低下させる要因となっている。そこで、特殊法人の兼業規制や財産管理処分規制を緩和する。

ガス事業、電気事業では、一九九九年（ガス事業）、二〇〇〇年（電気事業）に相次いで兼業規制を撤廃する改正事業法がそれぞれ施行されたことから、多くの事業会社が不動産子会社を設立し、母体企業の低未利用地を活用した不動産の分譲・賃貸事業を展開している。

また、事業としてではなく、保有財産の運用という位置づけで、現行の法規制の枠内で収益確保に取り組んでいる特殊法人もみられる。例えば、日本道路公団は、インターチェンジ内の利用可能土地に民間事業者に期限最長二〇年の占用許可を与え、利便増進施設（コンビニエンスストアなど）を設置させて料金を徴収する事業（占用事業）を実施している。このように、経営内容の改善に向けて、特殊法人における保有不動産の有効活用ニーズは大きいと考えられる。

このため、特殊法人に対しこうした規制緩和を実施することで、特殊法人が保有する、都心に潜在的に存在する低未利用地の有効活用が加速することが可能になると期待される。

表8 ● 特殊法人の保有不動産の運用に関する設置法の規定

	業務としての不動産販売、賃貸の可否			財産としての不動産処分の制約	
	本来業務として可能	本来業務（非不動産業）と関連する場合のみ可能	不可	不動産の譲渡、交換、貸付、担保権設定等に許認可等の制限あり	制約なし
住宅金融公庫		○			○
水資源開発公団			○	○	
地域振興整備公団	○				○
環境事業団		○			○
社会福祉・医療事業団			○		○
労働福祉事業団			○	○	
都市基盤整備公団	○				○
日本勤労者住宅協会	○				○
日本下水道事業団			○	○	
日本道路公団		○			○
首都高速道路公団		○			○
阪神高速道路公団		○			○
運輸施設整備事業団			○	○	
帝都高速度交通営団		○			○
日本鉄道建設公団		○		○	
日本放送協会		○（非営利のみ）			○

資料）各法人設置法より作成

Project-09

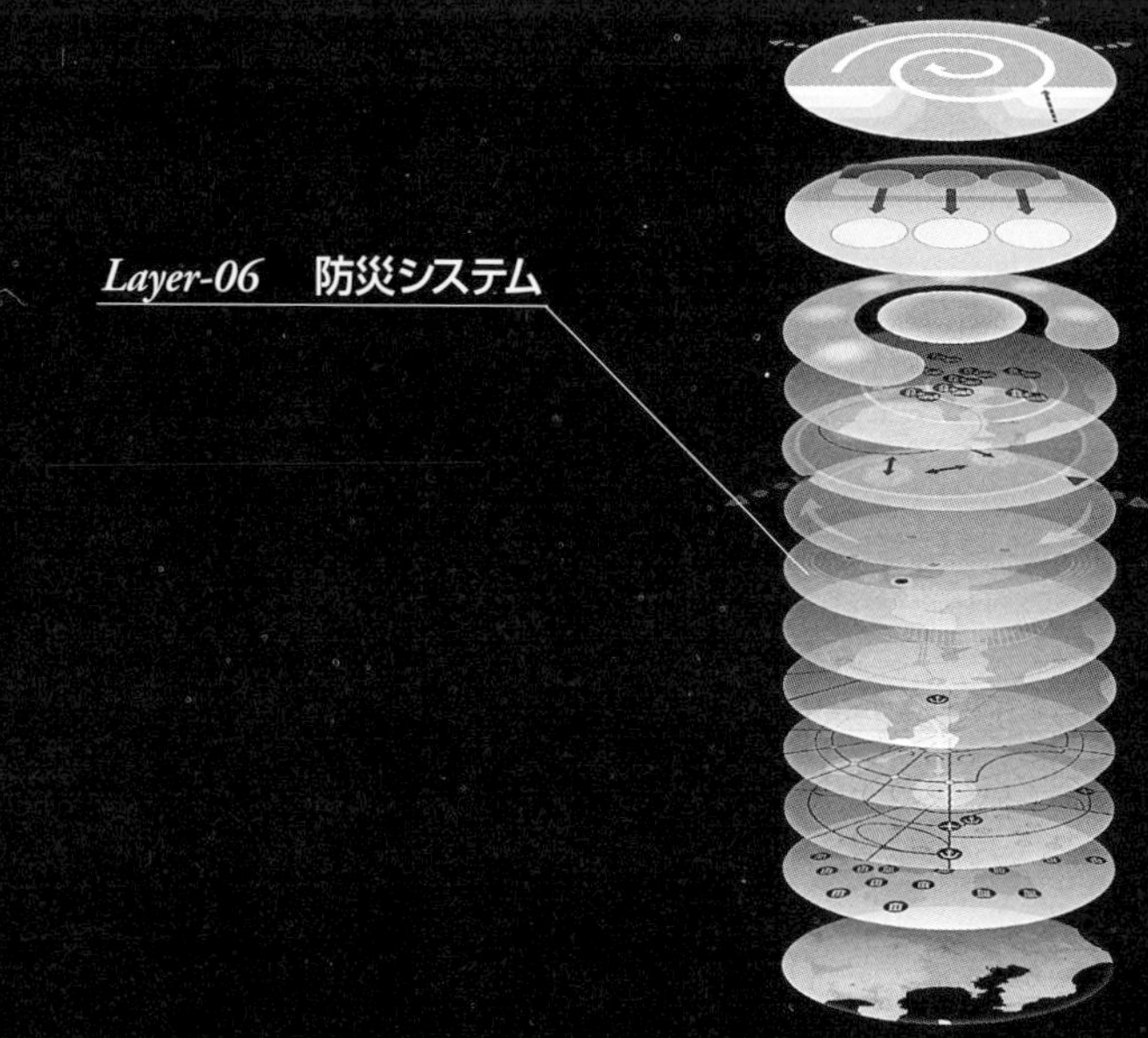

東京臨海部および千葉地域における広域防災拠点の整備

密集市街地の改善と広域防災拠点の整備は、
災害に強い都市づくりを進める上で中心的な施策である。
密集市街地の改善には相当の時間が必要であり、短期的には効果が発現しにくい。
一方、広域防災拠点の整備は、比較的短期間に整備が可能なだけでなく、
都市インフラの安全性を大きく向上させることが期待できる。

中井 浩司

I 都市の問題点と課題

防災性の向上に必要な広域防災拠点

関東大震災では、**延焼被害**が莫大な人的被害をもたらしたことから、東京では**広域避難場所**の整備などの市街地大火に対する対策が進められてきた。しかし阪神・淡路大震災では、初動期における情報収集体制や初動態勢の確立が遅れ、物資の搬入や医療救援活動が思うように実行できなかったなど、多くの災害対応上の課題が残された。

このように、災害時には十分な危機管理体制を確立することができない。そのため、現場対応に追われる被災自治体に代わり、最適な緊急・応急活動を広域的に指揮する本部機能が必要となる。

また、首都圏には、一般の都市機能だけでなく、政治・経済・金融などの我が国の中枢機能が集積している。そのために、バックアップ機能を整備し、有事における中枢機能の麻痺を回避することが重要である。

こうしたことから、これらの本部機能やバックアップ機能を備えた広域防災拠点を整備することが都市の防災性向上に有効である。

不足している首都圏の広域防災拠点

現在、首都圏の広域防災拠点としては、国の災害対策本部予備施設を有し、災害応急対策活動の中核拠点として機能する「立川広域防災基地」をはじめ、国の各機関が集中し本部機能を備えた「さいたま新都心」、海上災害の応急対策活動の中核拠点として整備されている「横浜海上防災基地」がある。

しかし、首都圏全体の安全性を高めるためには、これらの拠点だけでは不十分である。東京近郊の産業や住宅などの集積拠点である千葉地域には防災拠点が整備されていない(図18参照)。また、阪神・淡路大震災で明らかになったように、救援物資・人員の円滑な輸送には海上輸送を利用することが有効であり、首都圏でも海上輸送機能を強化する必要があるが、現在は横浜港の防災基地のみであり、十分な機能を備えていない。

既存の防災拠点にあわせ、こうした地域防災拠点を新たに整備し、互いに連携することで、より高度な防災性を首都圏全体として確保することが可能となる。

II プロジェクト

1 プロジェクトのあらまし

本プロジェクトでは、千葉地域の防災性能を向上させ、災害時の海上輸送機能を強化するため、広域防災拠点を千葉地域と東京臨海部に整備する。

復旧・復興段階までみた機能の想定

ほとんどの防災拠点は、災害発生以前(平常時)における活用方法と初動・緊急対応期までを想定して整備される。しかし、大規模災害の発生頻度がそれほど高くないことを考えると、広大な空間を持つ防災拠点を初動・緊急対応期にしか活用しないのは明らかに非効率である。

本プロジェクトでは、被災後の時間経過を、『初動・緊急対応期（発災後三週間程度）』『復旧期（被災後半年程度）』『復興期（被災後半年以降）』の三つに分類し、これに平常時とをあわせた四つの段階に応じて必要な機能を検討する。

● 千葉地域の広域防災拠点の整備

千葉地域は一定規模の産業や人口などの都市機能の集積がみられることから、初動・緊急対応期における本部機能（情報収集や意思決定機能）やバックアップ機能の役割を強化した防災拠点を整備する。

その際、地域の事情に応じた危機管理体制を備える地域防災拠点との連携を図り、情報収集機能の強化や、人材・物資の効率的な分配を可能とする。

加えて、人口集中地域に近接することから、復旧期・復興期においても活用できるように整備する。具体的には被災後の仮設住宅団地の整備や、復旧支援のベースキャンプとしての活用を図るとともに、必要に応じて、復興住宅の建設用地などへの転用を図る。

● 東京臨海部におけるミニフロートを活用した広域防災拠点の整備

阪神・淡路大震災において海上輸送の重要性が指摘されたところであり、沿岸部に救援物資の備蓄・流通の機能や災害ボランティアなど応援人員等の受け入れ機能を強化した防災拠点を整備する。

ただし、特に孤島化するおそれのある埋め立て地などでは、道路網が寸断された場合に機動的な海上輸送・支援を実施する必要がある。また、災害が大規模になるほど、機動的な輸送ルートの確保が重要になることから、ミニフロートを活用した拠点整備を実施する。

具体的には、広域防災拠点にミニフロートと曳航用船舶を常駐させ、災害時には被害規模や被災場所に応じて、ミニフロートを活用して必要な支援物資や人員を運搬することで、機動的な災害支援機能を持たせることにする。

図18 ● 現在の広域防災点の状況

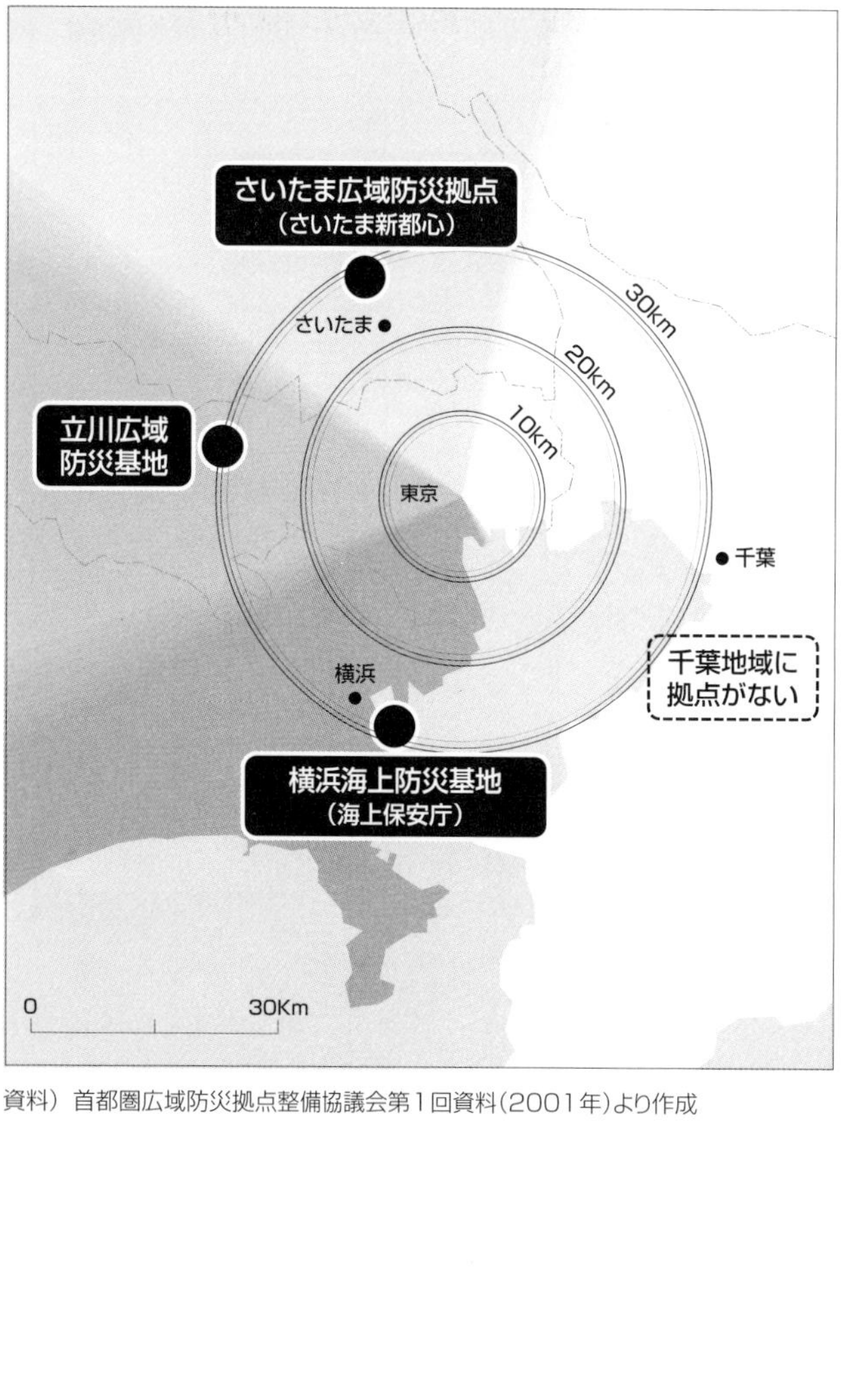

資料）首都圏広域防災拠点整備協議会第1回資料（2001年）より作成

2 期待される効果と影響

● 応急・緊急対応期の危機管理体制の確立

① 迅速な初動態勢の確立

広域防災拠点が、災害時に情報収集や意思決定などの本部機能を代替することで、初動態勢が迅速に確立され、効果的な復旧支援活動を行うことが可能となる。

② 効率的、効果的な救援活動

例えば、医療活動ではトリアージや広域的な医療機関の連携等が必要となるが、救急機能を広域防災拠点に持たせることで、広域的な連携を図りながら効果的な活動を行うことができる。そのほか、救援物資やボランティアなどの受け入れについても、広域防災拠点において一括把握することで、効率的・効果的に分配配置することが可能となる。特に、ミニフロートを活用した場合、物資や人員の輸送の必要性の高い地域への直接輸送が容易になり、円滑な救援活動が可能となる。

● 市街地の安全性の向上

広域防災拠点のオープンスペースが延焼遮

表9 ● 広域防災拠点で想定される機能の例

構成要素	平常時	初動・緊急対応期	復旧期	復興期
本部施設	・研究機関 ・バックアップ機能の保持	・地域防災拠点と連携した情報収集 ・国等との調整や現場での意志決定機能	・広域的な調整（復旧の度合いに応じて、各地方公共団体に役割を委譲）	・都市復興に向けた情報提供や人的支援などの実施
物資の備蓄・流通施設	・災害時に向けた食料・水等の備蓄 ・オープンスペース等との一体的な利用	・食料・水等の適切な配分（給水拠点や地域防災拠点、避難場所への配布） ・域外からの救援物資等の受け入れ、集積、配分	・域外からの救援物資等の受け入れ、集積、配分	—
救助・救急施設	—	・被災者の搬入受け入れと応急処置 ・トリアージの実施や背後圏の医療機関との連携（被災者の搬送）	—	—
オープンスペース（避難スペース）	・防災訓練等での活用 ・緑地等	・広域避難場所	・仮設市街地用地として活用	・仮設市街地用地として活用 ・公共住宅用地等として一部活用
ベースキャンプ（人員の受け入れなど）	—	・災害復旧ボランティアの受け入れ、ボランティアへの指示、宿泊用地の提供 ・その他、自衛隊や域外の応援隊（ガス・水道など）の受け入れ	・災害復旧ボランティアの受け入れ、ボランティアへの指示、宿泊用地の提供 ・その他、自衛隊や域外の応援隊（ガス・水道など）の受け入れ	・災害復旧ボランティアやまちづくりボランティアの受け入れ、ボランティアへの指示、宿泊用地の提供

資料）首都圏広域防災拠点整備協議会「首都圏広域防災拠点整備基本構想」（2001年）、（財）都市防災研究所「平成9年度　阪神・淡路大震災の教訓・情報分析—活用調査集約表」（1998年）他より作成

断帯や広域避難場所として機能することで、市街地の防災性能が向上する。

●スムーズな復旧・復興への寄与

阪神・淡路大震災では、仮設住宅用地やまちづくり用地などの不足から、復旧・復興活動が遅れるケースがみられたが、広域防災拠点のオープンスペースを活用することで、仮設住宅の建設や復興まちづくりへの取り組みを円滑に進めることが可能となる。

3　実施上の留意点

●組織体制の整備

広域防災拠点の最大の特色は、広域的な視点から災害対応を指揮できることにある。阪神・淡路大震災では、情報伝達手段の欠如や専門技術者の不在などのために十分な指揮が行われなかった。広域防災拠点を効果的に機能させるためには、人員の確保や**防災業務計画**の策定者などの関連民間機関との調整、危機管理体制の整備や国・地方自治体との連携体制の確立などを事前に進めておく必要がある。

主な施策・事業

■ 防災拠点の整備
◎ 整備内容の検討と設計、用地の検討
◎ ミニフロートの設計・活用方法の検討、建設など
◎ 広域防災拠点の運営体制や各主体の連携体制などの整備
◎ 周辺市街地の安全性の向上

■ 周辺市街地の安全性の向上
◎ 地域防災拠点の整備
◎ 避難道路の拡幅や沿道の不燃化
◎ 周辺市街地の不燃化促進事業の実施

III　リーディングプロジェクト

東京臨海部の広域防災拠点へのミニフロートの配置

東京圏において大規模かつ広域的な災害が発生した際に、初期段階の災害救援活動を迅速に行い、海域から被災地への救援アクセスを確保するため、東京臨海部の広域防災拠点に救援設備を備えたミニフロート（小規模移動浮体耐震係船岸）を配置する。その際、ミニフロートと広域防災拠点を一体的に整備し、適切な機能分担を図る。

災害時には陸路による被災地へのアクセスが困難となる。特に、埋め立て地では橋梁の落下などによって、アクセス不能となる場合があることから、被災地への救援アクセスの確保は重要である。

ミニフロートは、平常時には基地港に係留し、災害救援物資・設備を常備しておき、災

害発生時には東京湾臨海部の被災地に短時間で移動させる。また、船舶による救援物資をミニフロートに荷揚げし、そこから被災地に供給することも可能である。

これにより東京臨海部の広域防災拠点の一翼を担い、必要な場所に素早く移動することが可能であることから、大災害時の初動・緊急対応期に迅速かつ、効果的な救援活動が可能となる。

表10 ● ミニフロートの概要

●基本的性能
① 通常は基地港で係船岸としての利用が可能
② 災害時には迅速な出動が可能
③ 耐震性を有し、震災直後の活用に供する
④ 被災地の状況(浅い水深、狭水域など)に対処でき、汎用的で曳航・移設が効率よくできる

●ミニフロートの役割
① 岸壁・物揚場の代替機能
② 物資の荷役機能
③ 物資の保管機能
④ その他

●ミニフロートの規模と主要設備の概要
① 規模(概略):40m×20m
② 荷役設備:クレーン
③ 陸上とのアクセス設備:ベルトコンベア、桟橋
④ 付帯設備:給水タンク、発電機、救援物資仕分・仮置

●係船方式
係船方式は、スパッド(位置を固定し動揺を防ぐために海底におろす鋼製の突っ張り材)を使用し、素早く係船する方法を採用する。また、高波時にも対応できるようにチェーンアンカー(堅固な岩や海底につなぎとめ安定化を図る設備)を併用し安定を図る。

資料）運輸省第五港湾建設局「小規模浮体式耐震係船護岸検討調査報告書」(1998年)、(財)沿岸開発技術研究センター資料より作成

図19 ● ミニフロートのイメージ

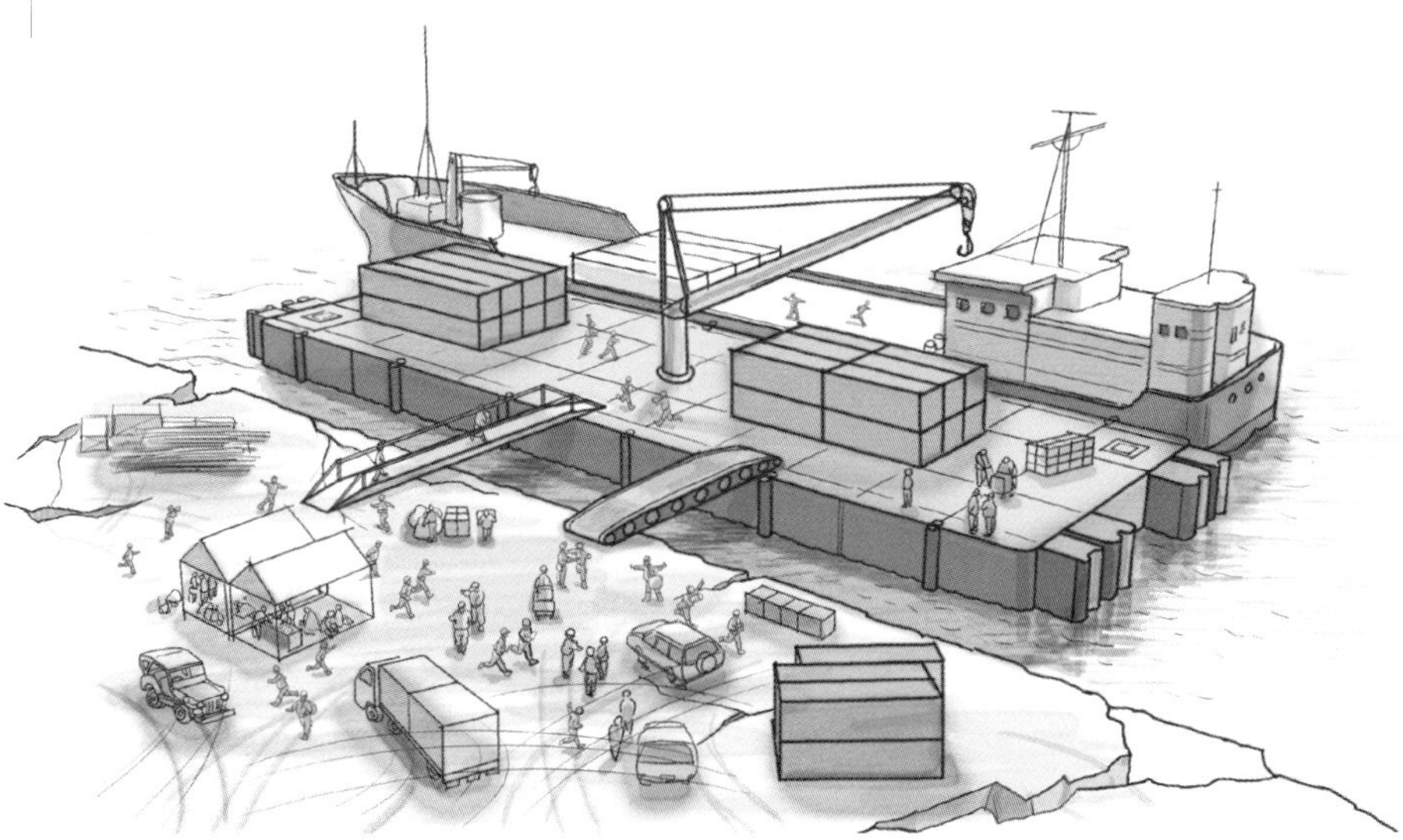

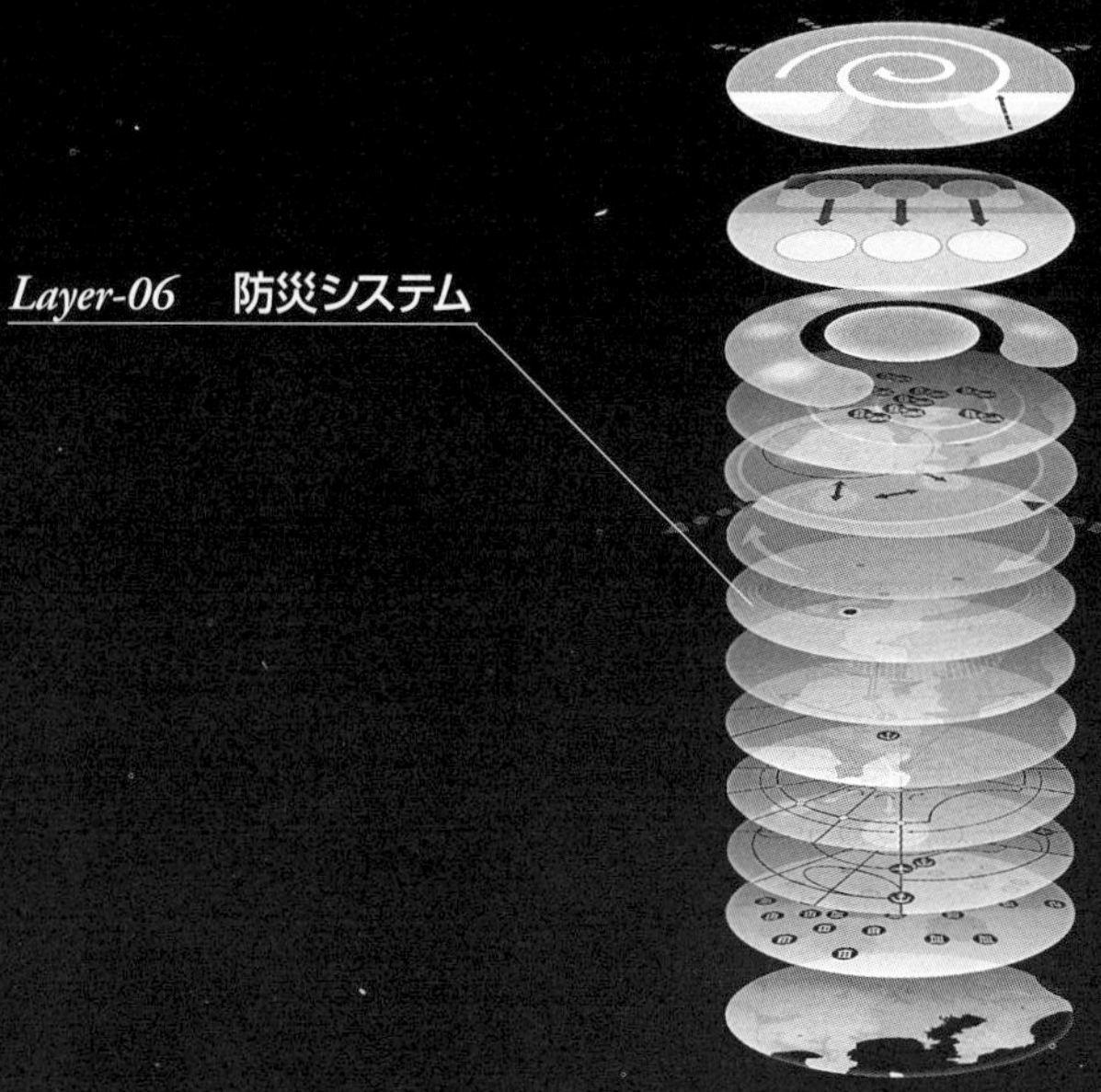

個人住宅の再建支援制度

災害に強い都市づくりには、住宅の不燃化・耐震化などのハード面の整備と、
個人住宅の再建支援制度などのソフト面の施策の実施が、両輪となっている。
住宅の不燃化・耐震化は、すでに国や地方公共団体が、
住宅の改修補助への融資などを実施しているなど、
具体的な取り組みが進められつつある。
しかし、個人住宅の再建支援制度については、
具体的な取り組みが少なく課題解決にむけた方向性がみえていない。
そこで、個人住宅の再建支援制度の枠組みと具体的な方向性を提案する。

中井 浩司

Projet-10

I 都市の問題点と課題

東京都の直下型地震発生時の予想被災世帯数は約一三〇万世帯

東京都の被害想定である「東京都における直下型地震の被害想定に関する調査報告書（一九九七年）」は、都区部に直下型地震が発生した場合、全半壊が約一四万棟、一部損壊を加えると約三六万棟に被害がでると予想し、さらに、延焼被害は約三八万棟と予想している※。これらをもとに、阪神・淡路大震災のケースを参考にして東京都の被災世帯数を推定すると、およそ一三〇万世帯となる。

限られた再建支援～自助努力への依存

従来、個人資産である住宅は「自助努力」による再建、すなわち自己責任のもと自らの力で再建することが原則であるとされてきた。

そのため、個人レベルで住宅再建資金を確保するには、「地震保険制度」を活用するか、主に民間の寄付である「義援金」の支給に頼る以外に方法はない。中でも、従来の災害では、「義援金」が住宅再建や生活再建で大きな役割を果たしてきた。

低い地震保険加入率

「地震保険」は、補償額が火災保険契約額の三〇～五〇％以内と火災保険と連動しており、火災保険とあわせて加入する必要がある。このため、全体の保険料が高くなることなどから加入率は低く、災害時に地震保険によって再建できる世帯はわずかである。

四・一兆円以上支給されない地震保険

仮に保険料が下がり、多くの世帯が地震保険に加入した場合には、被災規模によっては保険金が全額支払われない可能性がある。

地震保険は、被害額が膨れ上がる可能性があることから、国が再保険を引き受けている。その上限額は四兆一〇〇〇億円であり、この額を超えた分については保険金が支給されない。

そこで、東京都の被害想定をもとに、各世帯の加入している保険の最大補償額が八〇〇万円と一〇〇〇万円の場合に、東京都内の被災世帯に対する保険金支払い総額を試算した。総支払額に占める支払限度額はそれぞれ八四％、六二％となり、保険金の総支払額が軽々と国の支払限度額を超えてしまう。

このように、義援金と並んで住宅再建の資金支援に極めて重要な役割を果たす地震保険制度には限界がある。

一人あたり支給額が少ない義援金

また義援金も、都市災害では有効ではないことが明らかになっている。阪神・淡路大震災では、総額でおよそ一八〇〇億円弱にのぼる義援金が全半壊世帯や要介護老人世帯など様々な支援金として支給されたが、そのうち全半壊世帯に支給される住宅損壊見舞金は、わずか一〇万円であった。これは、従来の災害と比較して、被災世帯の数が桁違いに多かったためである。

東京都だけで、阪神・淡路大震災による兵庫県の二倍の世帯が全半壊もしくは全半焼の被害を受けると想定されており、義援金に依存することには限界がある。

低所得者向けの支援策だった阪神・淡路大震災の公的支援

阪神・淡路大震災では、インナーシティに被害が集中し、低所得者・高齢者層の被災者が多かったことから、一二万戸以上にも及ぶ低家賃の公共住宅の供給や、阪神・淡路復興基金による助成事業や住宅金融公庫による特別融資などが実施された。しかし、こうした融資制度は頭金となる自己資金が捻出できない場合、有効に機能しないという問題点を抱えている。

●自助努力だけでよいのか?

個人資産である住宅は、自助努力による再建が原則であるという考え方が依然根強く、国や自治体が積極的に住宅再建支援に乗り出さない一因となっている。一方で、「被災者の住宅再建支援のあり方に関する検討委員会（国土交通省、二〇〇〇年）」では、「大量の住宅が広域にわたって倒壊した場合には…（中略）…地域にとってはある種の公共性を有していると考えられる」とし、公的支援の必要性を示唆している。実際に、震災により大量の住宅が倒壊し、再建できないことによる弊害は、地域経済の復興の遅れや、地域住民の流出などの地域の社会問題として現れる。このように、これからは住宅再建に公的支援は不可欠である。

一方、首都圏では、区部の西側地域を中心とした山の手地域においても延焼や建物倒壊などによる被害が集中して発生することが想定されており、阪神・淡路大震災では大きな問題とならなかった中所得世帯においても、数多くが被災することが想定される。そのため、従来の低所得者層向けの支援を中心とした神戸での枠組みに加え、新たに中所得者向けの枠組みを構築する必要がある。

※ただし、推定手法の関係上、倒壊被害棟数と延焼被害棟数には重複があるがその数は不明である

表11 ● 保険金支払額の試算例

被害	被災世帯数*1	最大補償額800万円の場合 1世帯あたりの支払額（万円）*2	最大補償額1,000万円の場合 1世帯あたりの支払額（万円）*2
全壊	77,500	800	1,000
半壊	180,000	400	500
一部損壊	400,000	40	50
全半焼	680,000	500	700
	総支払額（兆円）	4.90	6.64
	支払限度額（4.1兆円）／総支払額（%）	84%	62%

＊1:　被災世帯数は、阪神・淡路大震災における被災世帯数／被災棟数の値を利用し、東京都の被害想定に示されている被災棟数よりおおよそ概算したものである

＊2:　各被害状況での最大保険金支払額を用いた。また、全半焼については本来全焼と半焼をそれぞれ別に計算する必要があるが、全焼・半焼別の被災世帯数が不明なため、全半焼の1世帯あたりの支払額を、最大補償額800万円の場合は500万円、同1,000万円の場合は700万円に仮定し、全・半焼としてあわせて計算した。

資料）東京都「東京都における直下型地震の被害想定に関する調査報告書」（1997年）より作成

II プロジェクト

1 プロジェクトのあらまし

● 新たな支援制度の枠組み

住宅再建を円滑に進めるために、住宅再建における公と民の役割分担を定めた住宅再建支援制度を整備する。具体的には、住宅再建のプロセスのうち、一定の住機能を確保する段階まで公共が支援し、その後の段階では、従来の地震保険制度などを活用して個人の自助努力で対応する。

さらに、こうした支援制度を実施するための財源を確保するために、全国的な基金制度の拡充を図り、被災リスクを広く分担する。

● 被災者生活再建支援法に基づく基金の拡充

雲仙普賢岳の噴火や阪神・淡路大震災など、被災都道府県や市町村が基金を拠出して、復旧・復興資金に活用する例は過去にもみられた。しかし、災害がおこるたびに被災自治体が基金を拠出することは、被害規模が大きくなるほど財政的に実施が難しくなるとともに、復旧・復興期の自治体財政を圧迫し、復興への支障となる。

こうしたことから、阪神・淡路大震災後に被災者生活再建支援法が制定され、同法に基づき各都道府県は当面三〇〇億円の基金を拠出し、被災者に生活支援金を支給することになった。現在はその使途が生活必需品の購入や住宅賃料などに限定され、住宅再建に利用できないが、今後はこうした制度を活用、充実させて被災リスクを広く分散させることが重要である。

具体的には、前出の基金の拡充を実施、大規模災害発生時の運用範囲の拡大を可能

図20 ● 新たな支援制度の枠組み

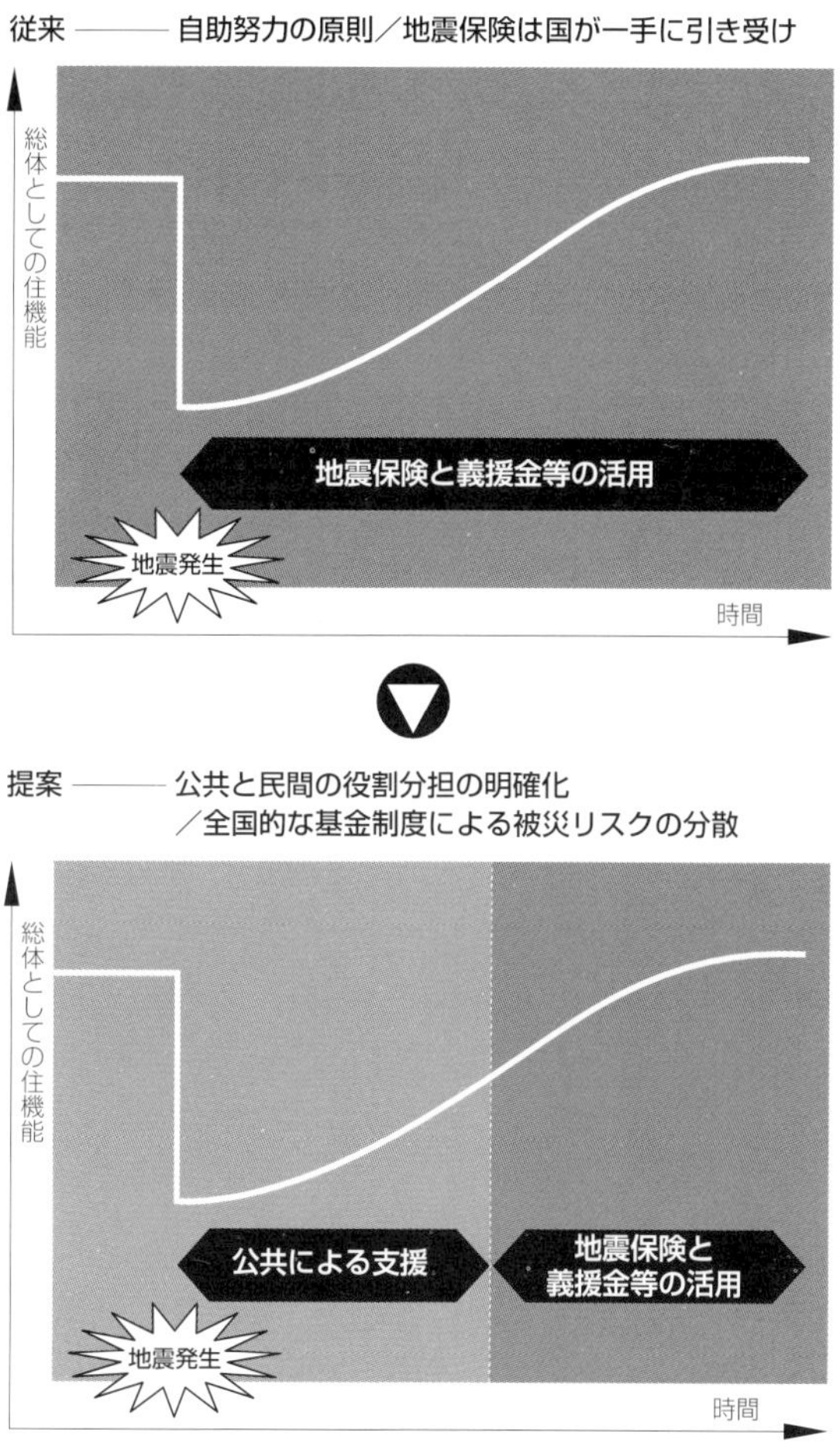

とし、住宅再建などの支援制度の財源として活用する。

●低所得者向けの住宅復興施策

東京圏では、神戸における被害と同様に、低所得者層の住宅倒壊と火災による延焼が予想される。このため、阪神・淡路大震災でも実施された低家賃の公共住宅の提供や、公庫融資の拡充や基金による支援・融資制度を体系的に実施する必要がある。

なお、こうした施策を下支えした阪神・淡路大震災復興基金に相当するものとして、前述の被災者生活再建支援法による基金を想定する。

●中所得者向けの住宅復興施策

首都圏の震災では、山の手地域でも被害が発生し、中所得者層が数多く被災すると見込まれている。こうした中所得者に対しては、公共住宅を建設しそれを供給するよりは、自らが住宅再建に踏み出した時に背中を押すような支援が望ましい。具体的には、年齢・資金状況と住宅タイプに応じた施策を講じる必要がある。

住宅タイプは資産活用の視点から、「持ち家」「マンション」「小規模住宅」「借家」に分類される。年齢・資金力については、様々な組み合わせが考えられるが、主にローンの貸し付け可能金額と所有している資産から考慮し、表12で示したように「若年世帯」「ファミリー世帯」「シニア世帯」に分類する。

●地震保険制度などの改正

公的支援によって一定の住機能を確保した後の住宅再建プロセスでは、自助努力で住宅再建を進めるという考え方から、必要に応じて被災者が地震保険を有効に活用できるようにする。すでに取り組まれているように、住宅の耐震性能を保険料率に反映させ、利用者が適切と感じられる保険料率を設定することや、火災保険から独立した補償額の設定などを行う。

2　期待される効果と影響

●速やかな住宅再建

一定の住機能を確保するまでの住宅再建施策を充実させることにより、被災者は住宅再建の見通しを立てやすくなり、震災後素早い住宅再建が可能となる。この点が、本プロジェクトの最大の効果である。また、その結果として次のような効果をもたらす。

【地域社会の速やかな復興】

被災者が被災後速やかに住宅再建を行うことにより、地域住民の流出等を防ぐことが可能となる。

また、復興まちづくりの推進に際しても、住宅再建の見通しが立っていることが、住民の参加や合意形成にも重要であるため、住宅再建の支援策が明確にされていることは、円滑な復興まちづくりの推進にも寄与する。

【公共施設の通常利用を早期に可能にする】

例えば、阪神・淡路大震災では、住宅再建が思うように進まなかったために、学校や公園などの公共施設が避難所や仮設住宅に長期間占有され、通常利用ができなくなるといった悪影響がみられた。住宅再建が早期に行われることで、震災後の公共施設の通常利用が早期に可能となる。

●被災地の負担軽減

被災自治体による過度な復旧・復興財政の負担は、その後の財政計画に多大な影響を及ぼし、長期的な復興に影響を与える可能性が高い。しかし、本プロジェクトのような全国的な基金の活用や、公民の適切なリスク分担により、災害時の経済負担を広く分散させ、被災地の財政負担を軽減させることが可能となる。

表12 ● 住宅復興施策の考え方

<table>
<tr><th>対象者</th><th colspan="4">支援等</th></tr>
<tr><td rowspan="5">中所得者層</td><td colspan="4">●住宅タイプや年齢・資金状況に応じた支援策
例</td></tr>
<tr><td></td><td>戸建て</td><td>マンション</td><td>小規模宅地住宅</td></tr>
<tr><td>若年世帯
（住宅は一次取得で資金状況は普通）</td><td>（対象者が相対的に少ないと考えられる）</td><td rowspan="2">・既存不適格やすでに容積率を一杯に使ったマンションの場合再建は困難。
・ある一定範囲の地区ごとに事前に“災害復興特別街区（仮称）”を定め、当該区域のマンションの容積率を緩和する。ただし、その余剰床による利益は、街区内のマンションで共有し、再建資金に充てるなどの方法が考えられる。
（ただし、実際にどの程度の容積率緩和が必要かの検討が必要）</td><td rowspan="2">・既存宅地を活用した資金の捻出は難しいが、被災者層としては多いと考えられる。
・基盤整備が必要な地区である場合は、公共が買い取ることが可能な制度を設定し、基盤整備の種地として活用するなどの施策が考えられる。</td></tr>
<tr><td>ファミリー世帯
（住宅は二次取得で
資金状況は普通〜やや悪い）</td><td>・既存資産を活用することも、新たなローンを組むことも、現実的には難しいことが多い。
・すでに、実施されている利子補給制度などのほか、事前対応の強化を図ることも有効である。
・例えば、この層については、耐震改修の補助率や地震保険料率の特例をもうけるなどが考えられる。</td></tr>
<tr><td>シニア層
（すでに子どもが独立している層）</td><td colspan="2">・すでに国でも検討されているが、リバースモゲージを活用し、従前の住宅よりはやや小さめの住宅を再建する。
・ただし、地価下落の現状下では市場ベースにのせるのは難しく、公共の関与が必要となる。</td><td>（施策としては低所得者向け施策で対応することになる）</td></tr>
<tr><td>低所得者層</td><td colspan="4">●低家賃の公共住宅の供給や家賃補助など</td></tr>
</table>

主な施策・事業

◎ 被災者生活再建支援法に基づく基金の拡充
◎ 災害時の低所得者向けの公営住宅の建設や補助制度の整備
◎ リバースモゲージや災害復興特別街区（仮称）など、ファミリー世帯向けの新たな施策の検討
◎ 地震保険制度の改正　ほか

3 実施上の留意点

● 耐震性の向上に関する施策との連携

住宅再建が公共により支援されると、住宅を失うことへの危機意識が薄れ、住宅の耐震化に対する個人の意欲をそぐ可能性も指摘できる。しかし、住宅の耐震性の向上は都市の防災性の向上に不可欠であり、再建支援の度合いや地震保険の支払額などを、住宅の不燃・耐震性能と連動させる方法などを検討することで、住宅再建支援制度の充実と住宅の耐震化を連携させながら推進する必要がある。

● その他の関連する法制度の検討

阪神・淡路大震災では、既存法制度の問題も数多く明らかになった。例えば、マンションの修繕や建て替えでは、区分所有法の不備や欠陥が指摘されている。今回提案したような住宅再建の支援制度を効果的に機能させるためには、あわせてこうした関連法制度の見直しを検討する必要がある。

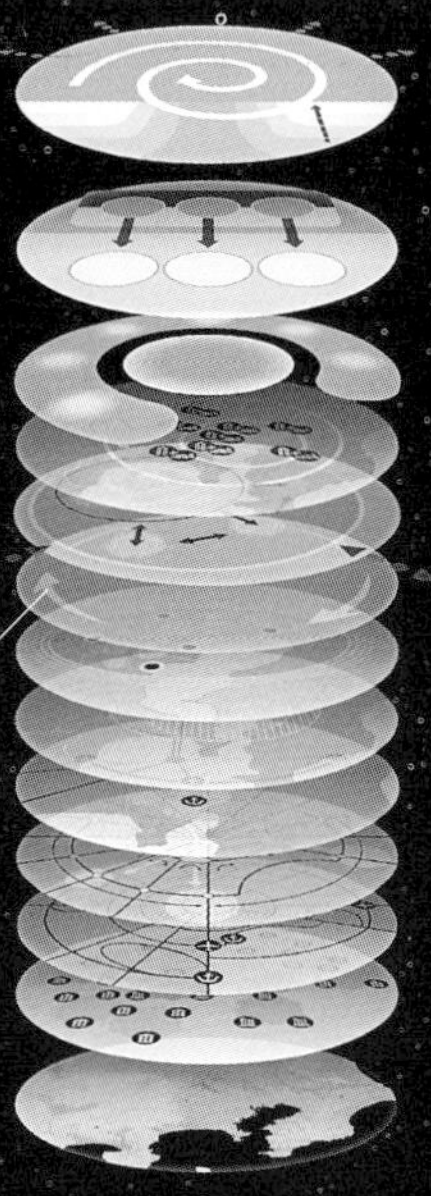

Project-11

メガフロートを活用した廃棄物処理施設の整備

循環型社会の形成をめざす我が国は、持続的成長が可能な都市を実現するために、
官民協力のもとに大量生産、大量消費、大量廃棄型から、
最適生産、最適消費、最小廃棄の社会システムへの転換を
積極的に推進しなければならない。
そのハード面での一翼を担うものが、
海に浮かぶメガフロート上に建設される産業廃棄物処理施設群であり、
循環型社会形成のためのシンボルプロジェクトとなる。

泉　裕喜

I 都市の問題点と課題

● 産業廃棄物の排出・処分状況

一九八八年度の全国の産業廃棄物総排出量は、約四億八〇〇〇万トンとなっている。平成八年度の四億二六〇〇万トンからみるとやや減少傾向にはあるが、ここ一〇年間は、おおむね四億トン前後水準で推移している（図21参照）。

総排出量の約四億八〇〇〇万トンは、最終的には、排出された産業廃棄物全体の四二％にあたる約一億七二〇〇トンが再生利用分となり、一四％にあたる約五八〇〇万トンが最終処分しなければならない量となる。ちなみに残り四四％の一万七九〇〇トンは処理過程における減量化量である。

● 危機的状況の産業廃棄物最終処分場

産業廃棄物の地域別排出量をみると、関東圏が約一億二二七五万トンで最も多く、これは日本全体の三〇％に相当する量となっている（図22参照）。

一方、関東圏における最終処分場の残余容量は一三八〇万立方メートルである。しかし、最終処分しなければならない量が、全国の三〇％とすれば、一七六九万トンとなり、処分場の残余年数は〇・八年と試算される。これは全国の残余年数三・三年に比べても極めて厳しい状況にあり、産業廃棄物の排出量を低減させ、最終処分量を減らすことは、一大産業集積地をもつ首都圏にとっては喫緊の課題であるといえる。

● 確保の難しい処理場建設用地

また、処分場の残余容量の問題とともに、廃棄物の不法投棄の多発、廃棄物処理施設への住民の不満、過去の負の遺産であるPCB廃棄物の処理などの問題もあり、環境への負荷を低減する新たな廃棄物処理施設の整備は都市にとって欠くべからざるものである。しかしながら、陸域においては、建設用地の確保は容易でない。

表13 ● 産業廃棄物最終処分場の残余容量と残余年数

区　分	最終処分量（万t）	残余容量（万m³）	残余年数（年）
関東圏	1,769	1,380	0.8
全　国	5,800	19,031	3.3

資料）環境庁「産業廃棄物行政組織等調査（1999年4月1日現在）」より作成

II プロジェクト

1 プロジェクトのあらまし

● 海上の廃棄物処理施設

首都圏における廃棄物処理施設の整備については、「都市再生本部が決定した都市再生プロジェクト（第一次決定）」において、「ゴミゼロ型都市への再構築」として位置づけられている。本プロジェクトでは、同様の整備内容を、メガフロート（大規模浮体式海洋構造物）上に建設し、ボリュームのある緑に囲まれた新しい廃棄物処理の島を海上に整備するものである。

「都市再生本部が決定した都市再生プロジェクト（第一次決定）」では、次のように産業廃棄物の処理に関する施設整備が提案されている。

廃棄物処理施設に関する都市再生プロジェクト（第一次決定）

◎ 高度リサイクル施設（廃プラスチック、ペットボトル、建設廃棄物、廃IT機器・家電、食品廃棄物等）の整備
◎ PCB無害化処理施設、ガス化溶融施設等の高次処理施設の整備
◎水運等を用いた静脈物流システムの整備
◎ 技術革新に対応した研究開発機能の導入

図21 ● 産業廃棄物排出量の推移

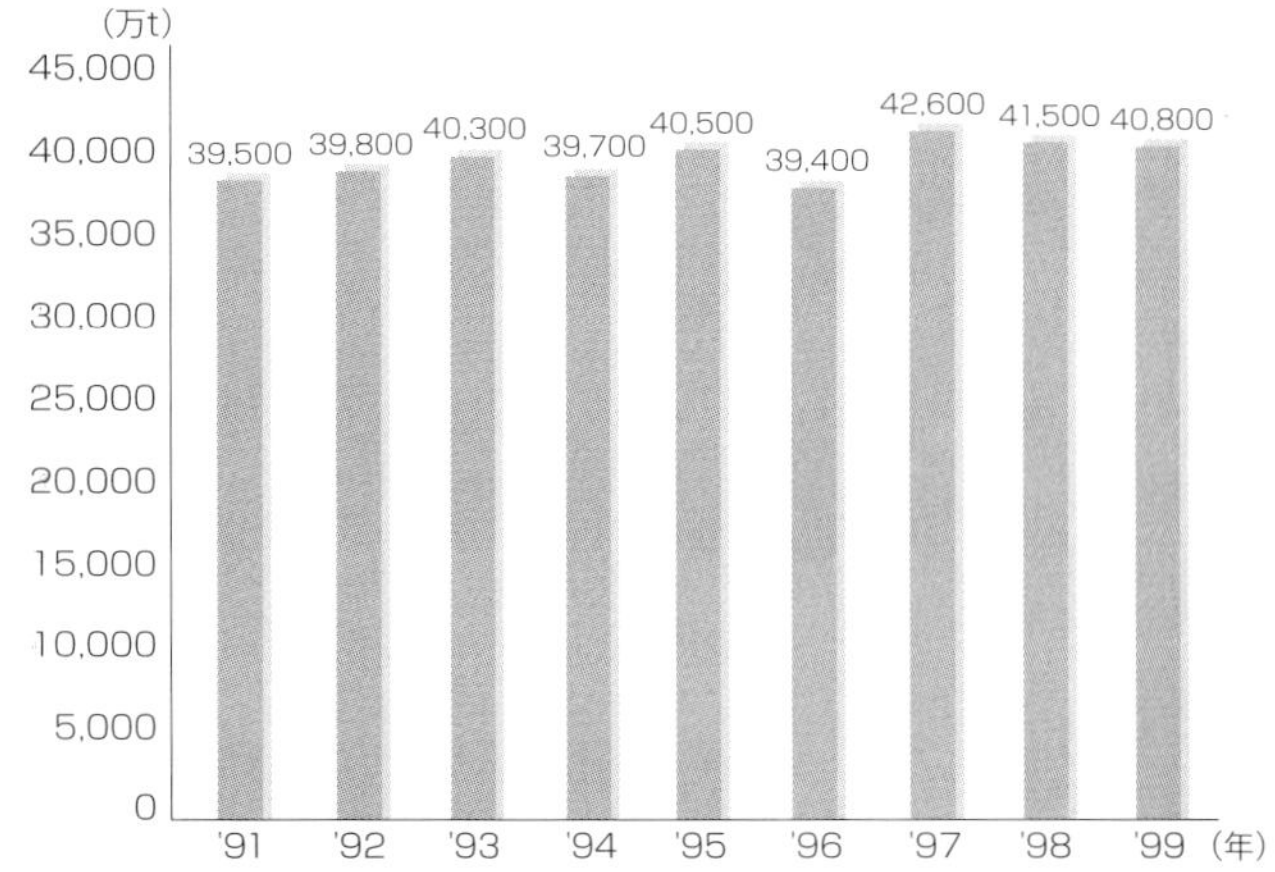

図22 ● 産業廃棄物の地域別排出量

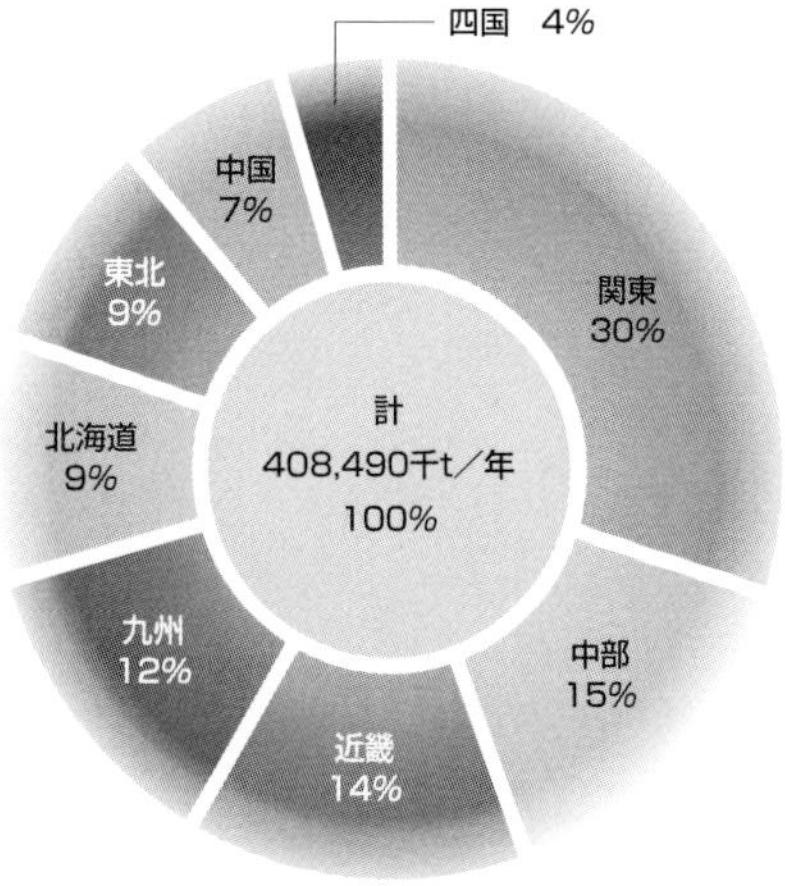

資料）環境庁「産業廃棄物・処理状況調査（平成10年度調査）」より作成

本プロジェクトにおける導入施設に関しては、都市再生プロジェクトの考え方を踏襲するとともに、ゴミゼロ化の徹底を図るため、また、可燃ゴミのRDF（ゴミ固形化燃料）化を提案したい。これにより、首都圏全域を対象とした広域収集受け入れを図ることが可能となる。

循環資源の利用および処分方法には、排出抑制、再使用、再生利用、熱回収、処分があり、RDF発電施設を加えた一連の施設はこれらの全てに対応するものである。また、居住空間が近接する陸域から離れた海上のメガフロートに設置することにより、「迷惑施設」として陸域では得にくい住民のコンセンサスを容易に得ることができる。また、廃棄物焼却時のダイオキシンなど公害物質の発生への懸念も低減され、整備に対する手続きも速やかな展開が可能となる。

メガフロートの設置場所としては、産業廃棄物の搬入のしやすさやメガフロートへのアプローチとなる橋梁長を考慮し、産業道路などに近接した場所となろう。

■メガフロートの概要

メガフロートは、大型船の建造技術を基礎として、鉄製の箱を接合して巨大な鉄板状の浮体構造物を海上に浮かべ、その上を利用するものであり、フロート及び係留施設やアクセスのための橋梁などが一体となったシステムで構成される。メガフロートの活用に関しては、一九九五年よりメガフロート技術研究組合などが調査研究を進め、一九九八年には、横須賀沖の実証モデルが設置され、その設計・建設技術は実用化のレベルに達している。

その利用用途としては、物流拠点、海上空港、防災情報拠点、発電所利用などがあげられ、特に海上空港、防災情報拠点については、具体的検討を行っている。空港利用の技術的検討において、一〇〇〇メートルから四〇〇〇メートル規模までは技術的に可能であるとの結果を得ている。

（参考資料：「メガフロートQ&A」メガフロート技術研究組合　一九九八年より）

図23 ● 導入設置配置図

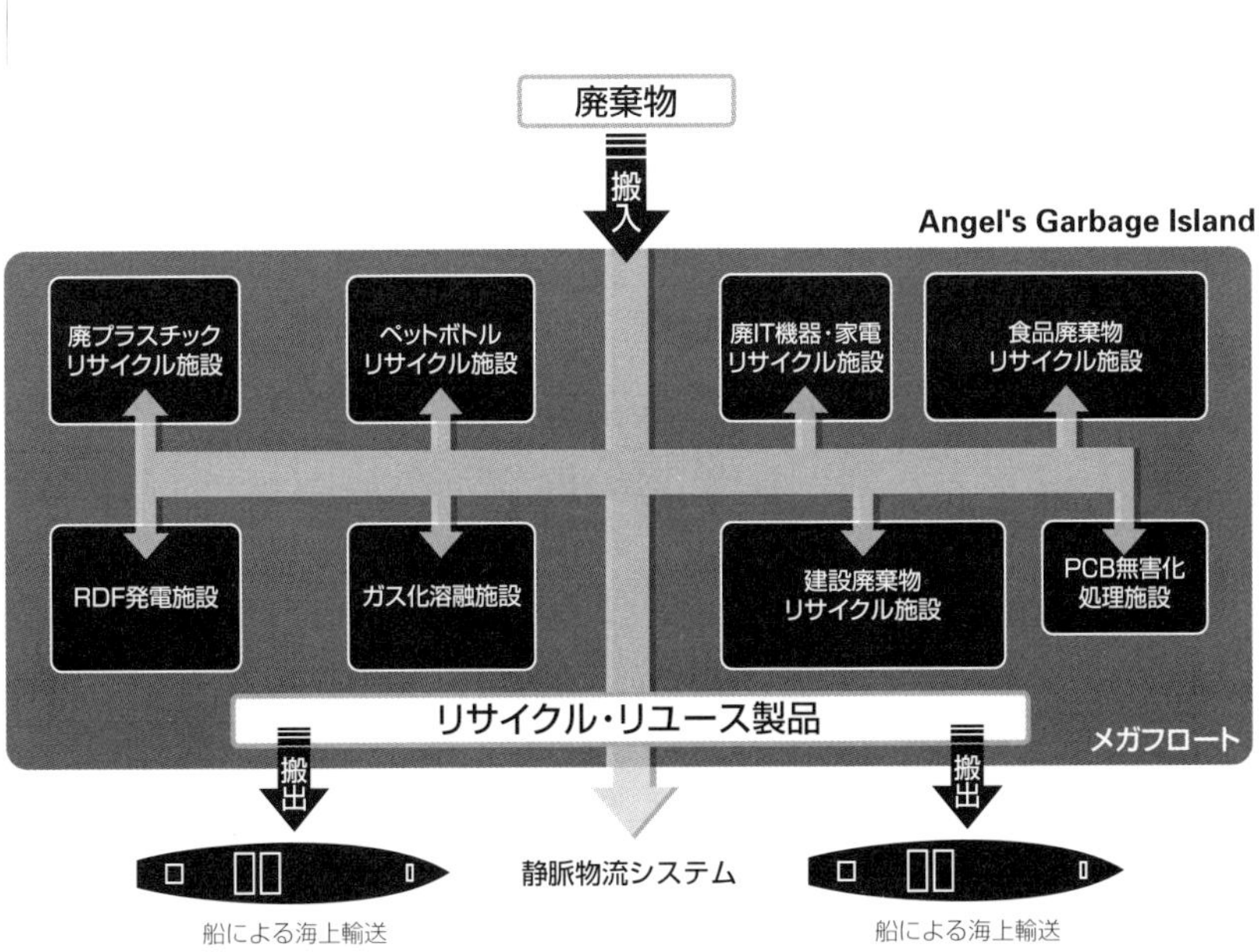

2　期待される効果と影響

● 廃棄物量の減少とリサイクル商品の流通

当施設を拠点にして、首都圏における廃棄物処理とリサイクルシステムのネットワークが形成される。

その結果、首都圏における廃棄物量の減少とリサイクルによってつくり出される製品の流通が活発化する。

● 首都圏における産業廃棄物最終処分場の残余年数の延長

現在、首都圏の産業最終処分場の残余容量は、一三八〇立方メートルであり、今後この限られた容量を整備増大する必要とともに、当廃棄物処理施設の整備により最終処分量を減少させ、確実に首都圏における最終処分場の残余年数の延長を可能にする。

● 建設工期の短縮

ＲＤＦ発電施設は二四時間連続高温運転が可能であり、これが実現されればダイオキシンの発生はなくなり、建設に関しても住民とのコンセンサス調整などに時間が取られない。

● 首都圏の多様なニーズに対応

港や空港、発電所、廃棄物処理施設など社会資本の整備が急がれている中、施設整備の適地を陸上に求めることは、土地の高度利用が進んだ首都圏では、なおさら難しく、さらに、埋め立てによる土地の造成などは、干潟の保全など環境への関心の高まりなどもあり、ますます難しくなっている。また、我が国は地震国であり、公共性の高い施設ほど地震に対して対応性の高い構造物が求められている。メガフロートは、首都圏におけるさまざまなニーズに応えうる構造であり、当廃棄物処理施設の整備に極めて効果的な社会資本整備といえる。その具体的なメリットとしては次の四点があげられる。

【土地取得を要しない】

土地取得を必要とせず、土地に関する事業コストが抑えられる。

【静脈インフラの連携】

海上に設置されることから、水運を用いた全国ネットの静脈物流システムが構築しやすい。

【構造上のメリット】

地震に強いことから、陸域の建築物に比べ、上載施設の構造上の簡略化が図られる。津波に関しても、影響はほとんどなく、潮の流

図24 ● メガフロート構造図

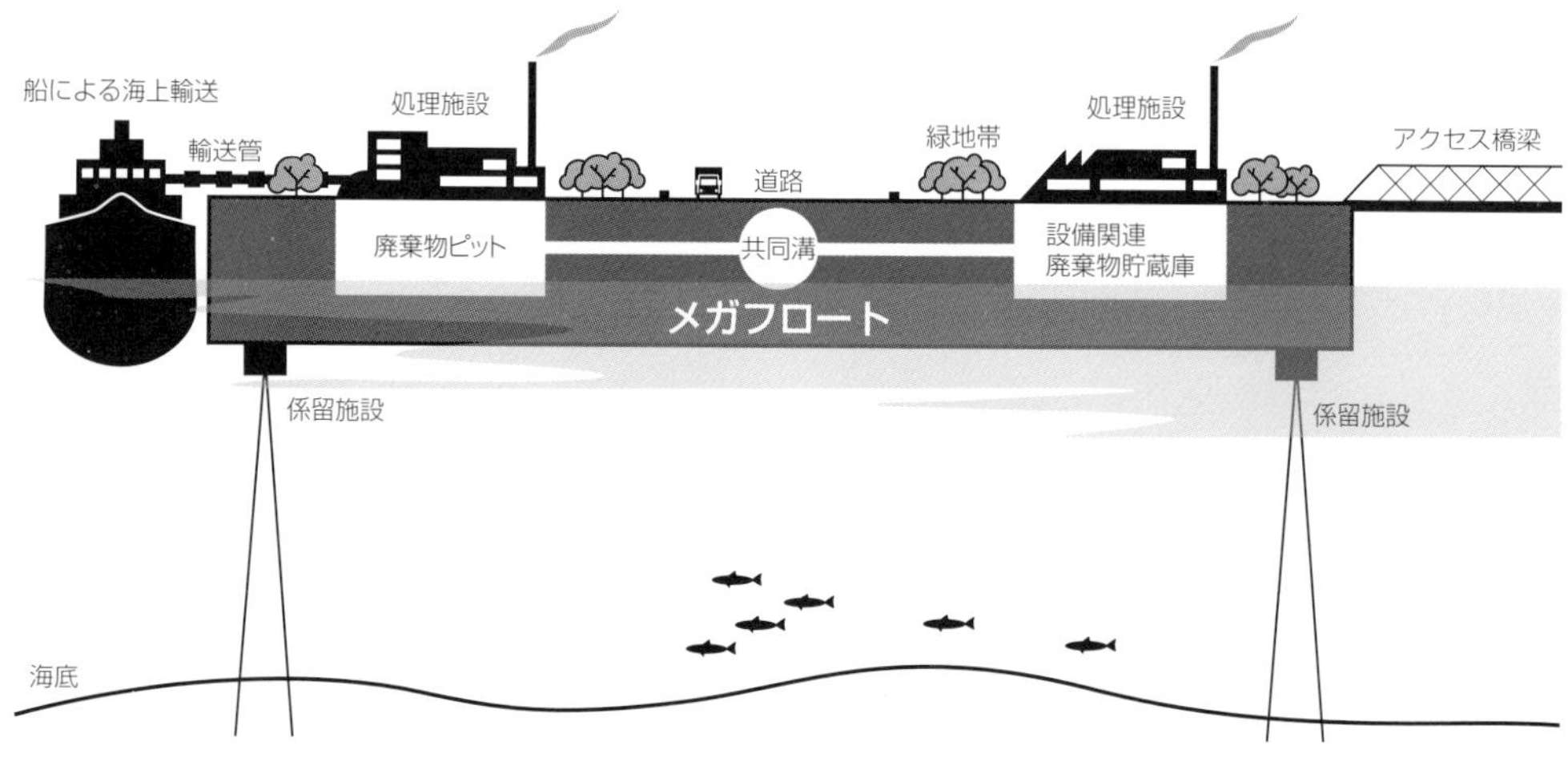

れを阻害せず、生態系など自然環境への影響も少ない。また、浮体は箱形であり、倉庫、駐車場、貯水タンク、設備関連や廃棄物処理に関する設備の一部（例えば廃棄物ピット等）を内部空間に収納できる。

【短期の製作期間】

メガフロートは、分割製作が可能であり、製作時間の短縮が可能である。そのため、施設を稼働させながら、面積を拡張することも可能である。

● 船舶建設関連業界の振興

メガフロート建設による経済波及効果は大きく、鉄鋼、造船両業界の振興に貢献する。（例えば、滑走路を二本備えた海上空港をメガフロート方式で建造すると、鉄鋼使用量は日本の年間粗鋼量の約五％、三〇万トンの船でいえば一七〇隻分になる。）

3 実施上の留意点

● 関係団体の連携の必要性

首都圏の七都県市および最終処分場を受け持つ自治体、廃棄物処理産業に係わる企業などの官民あげての協力体制をつくり上げる必要がある。

● 設置場所の海域環境の検討

数ヘクタールの規模を有する浮体構造であり、設置場所の波浪条件は、採用適地選定の重要なポイントとなる。

● メガフロートの構造の詳細検討

当廃棄物処理施設の整備においては、浮体上に設置される各施設の形態・重量の検討、適切な配置など、詳細検討が必要である。

4 プロジェクト概算費用

メガフロートの建設費は、①浮体、②係留施設、③アクセス（橋梁など）で構成されるが、浮体本体の建設費が大部分を占める。
○浮体構造建設部分の事業費：五〇〇億円

（資料：「大規模浮体構造物の研究利用性検討分科会報告書」（財）沿岸開発技術研究センター一九九八年七月）

主な施策・事業

◎ 高度リサイクル施設（廃プラスチック、ペットボトル、建設廃棄物、廃IT機器・家電、食品廃棄物等）の整備
◎ PCB無害化処理施設の整備
◎ ガス化溶融施設等の高次処理施設の整備
◎ 水運等を用いた静脈物流システムの整備
◎ 技術革新に対応した研究開発機能の導入
◎ RDF発電施設の整備
◎ メガフロートの建設
◎ メガフロートへのアクセス専用道、橋梁整備
◎ メガフロートの岸壁の整備（船舶による静脈物流のネットワーク整備）

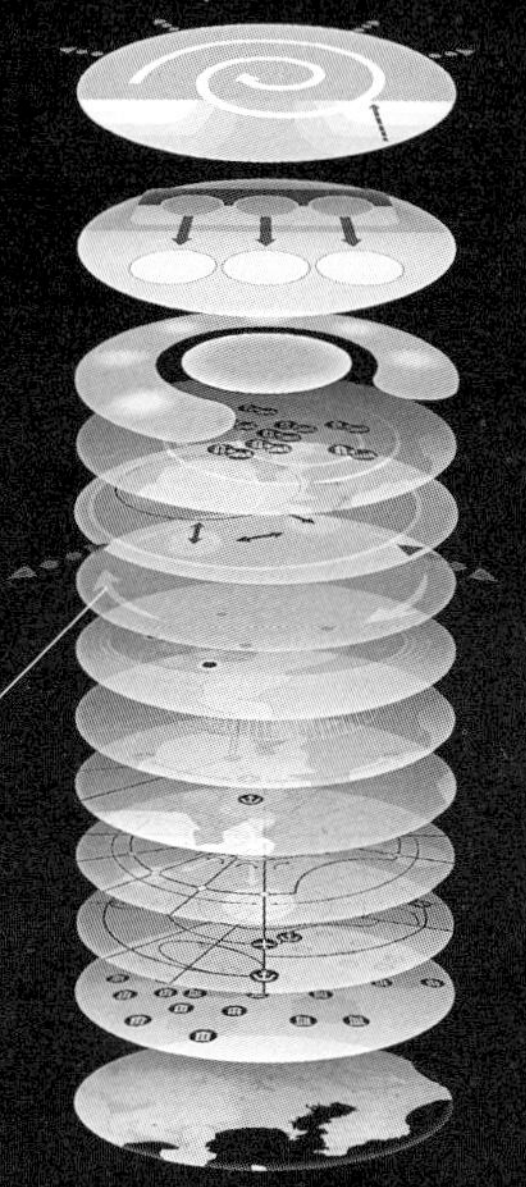

Layer-07　都市循環系システム

エコカー導入プロジェクト

「自動車公害」という言葉が示すように、
大気汚染や地球温暖化、エネルギー大量消費による天然資源の枯渇など、
環境問題の多くは都市におけるモータリゼーションに起因するとされている。
すなわち、将来にわたり良好な生活環境を維持し、
限られた資源を持続的に利用する循環型社会を形成するためには、
交通手段としての自動車のあり方を見直す必要がある。
本プロジェクトでは、環境負荷が極めて小さい交通手段として
近年注目されているエコカーについて、
特に東京圏における具体的導入方策を提案する。

藤枝　聡

Project-12

I 都市の問題点と課題

大気汚染をはじめ東京圏において深刻化する環境問題

我が国最大の人口過密地域である東京圏では、ディーゼル自動車などが排出するNOx(窒素酸化物)やPM(粒子状物質)による大気汚染問題が深刻化している。

大気汚染問題は都市に生活する住民の健康に対して直接的に影響を及ぼす危険があり、一九九六年(平成八年)には排出ガス基準に適合しない自動車の登録禁止(継続車検を認めない)などを盛り込んだ「自動車NOx・PM法」が施行(二〇〇一年に一部改正)されるなど、ディーゼル自動車などに対する規制強化が進められている。東京都においても、二〇〇〇年(平成一二年)に「環境確保条例」が制定され、PM排出基準に適合しないディーゼル車に対して都内における走行を禁止するなど、国を上回る厳格な規制を定めている。

また、地球温暖化問題についても、我が国の運輸・交通部門のCO_2(二酸化炭素)排出量のうち、自動車が占めるシェアは九割を超えており、自動車交通が集中する東京圏における対応がグローバルな観点からも求められている。

期待通りに普及が進まないエコカー

これまで東京都をはじめ、東京圏における自動車公害対策はディーゼル車などに対する通行規制強化が先行してきた。しかし今後は、環境保全と圏内における自動車交通の利便性を両立する観点から、電気自動車や天然ガス自動車など、化石燃料以外の燃料を使用してNOxやPMの排出量を最小限に抑えるエコカーへの利用転換を促進することも重要な課題となる。

エコカーの普及については、すでに国・自治体においても、公用車としての導入による啓発や購入助成などの施策が進められており、その普及台数は年々増加している。しかし、従来の自動車と比較して、価格が高いこと、一回の充填・充電あたりの走行距離が短いこと、充填・充電施設数が不十分であることなど、性能・利用環境面の短所が指摘されており、その普及は必ずしも期待通りに進んでいない。

求められる具体的・実効的なエコカー導入方策

エコカーの普及を図る上では、単に導入義務化や購入助成の制度化にとどまらず、エコカーの性能や利用環境に関するハンデキャップを最小化する観点から、企業活動や日常生活における具体的かつ実効的なエコカー活用方策を提示することが重要となる。

表14 ● 我が国におけるエコカーの普及状況

(単位：台)

年度	1995	1996	1997	1998	1999	2000
電気自動車	2,500	2,600	2,500	2,400	2,600	3,830
天然ガス自動車	759	1,211	2,093	3,640	5,250	7,811
ハイブリッド自動車	176	228	3,728	22,520	36,870	51,200
メタノール自動車	336	327	313	289	220	157
合計	3,771	4,366	8,634	28,849	44,940	62,998

資料)(社)日本自動車工業会「クリーンエネルギー車ガイドブック2001」より作成

表15 ● 都「環境確保条例」と国の「改正自動車NOx・PM法」の相違点

	(都) 環境確保条例	(国)改正自動車NOx・PM法
規制物質	PM (粒子状物質)	NOx(窒素酸化物)、PM(粒子状物質)
規制の内容	粒子状物質排出基準に適合しないディーゼル車の都内通行禁止	排出ガス基準に適合しない車の登録禁止(継続車検に通らない)
対象車	東京都内を走行する自動車	特定地域に使用の本拠がある自動車
対象地域	島しょを除く都内全域(23区、多摩地区)	東京、神奈川、埼玉、千葉、大阪、兵庫、愛知、三重の一部の対策地域
対象車種	ナンバーが1−、2−、4−、6−、8−のディーゼル車	ディーゼル乗用車、貨物、バス、特種用途車両(燃料の種別を問わない)
猶予期間(初度登録から)	7年間(知事が指定した粒子状物質減少装置(DPF等)を装着すれば規制値に適合していると見なす。)	ディーゼル乗用車:9年、小型トラック:8年、普通トラック:9年、マイクロバス:10年、大型バス12年、特種用途車両:10年
罰則等	運行責任者に運行禁止令を出す。それに従わないときは、50万円以下の罰金	50万円以下の罰金
規制の強化	2005年4月1日以降の知事が定める日以降に粒子状物質排出基準を強化する予定	

資料) 東京都環境局「自動車に関する規制等のあらまし」(2001年)より作成

II プロジェクト

1 プロジェクトのあらまし

本プロジェクトでは、東京圏におけるエコカーの新たな活用方策および新エネルギー技術を活用した燃料供給環境の整備について提案する。

● 域内共同集配車両としてのエコカー導入

東京都臨海副都心など東京湾臨海部に域内事業所向けの共同集配システムを構築し、このシステム用の車両として天然ガス自動車を集中導入する。

図25 ● 生ごみバイオガス化燃料発電施設の仕組み

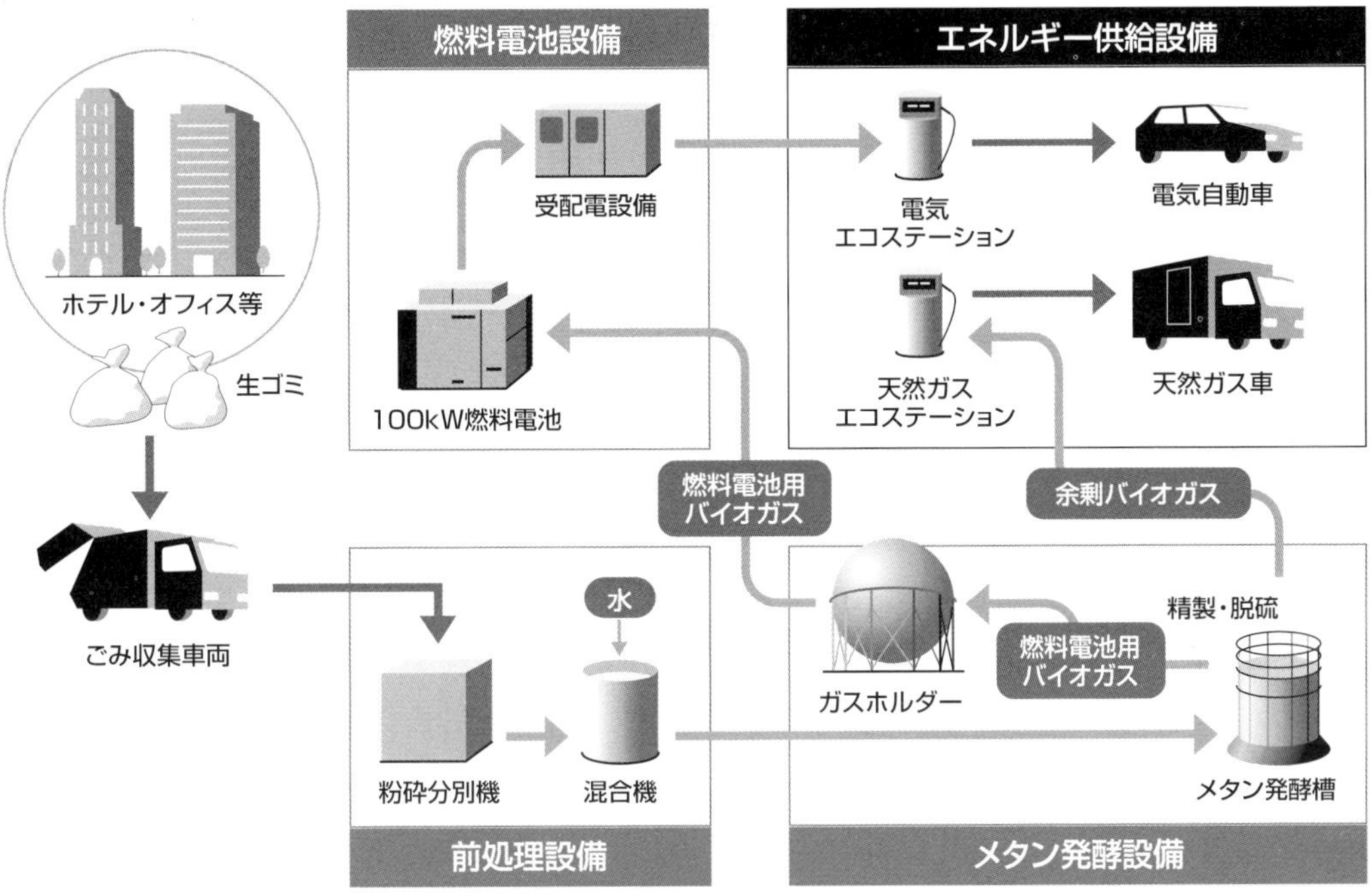

資料）鹿島建設（株）「生ごみバイオガス化燃料電池発電施設」パンフレットより作成

● 域内回遊車両としてのエコカー導入

東京都台場地区など東京湾臨海部の商業系地区において、観光・行楽客向けのレンタカーシステムを構築し、このシステム用の車両として電気自動車を集中導入する。本システムでは、地区内の複数の駐車場に併設された専用モータープールを拠点に、利用者がエコカーを自由に乗降できる。特に、徒歩圏を超えた範囲に商業施設が集積している地域を対象に、既存の公共交通機関を補完する新たな「足」として移動利便性の向上を図る。

● 住宅地におけるエコ・パーク・アンド・ライド用車両としてのエコカーの導入

東京圏郊外の住宅地において、会員制によるエコカーの共同利用システム（エコ・パーク・アンド・ライド・システム）を導入する。本システムでは、住宅地区内および最寄り鉄道駅周辺に設けた駐車施設を拠点として、同じ地区に暮らす住民が通勤や買い物で両区間を移動する際にエコカーを共同利用する。

● 生ごみバイオガス化技術を利用したエコカー充填・充電環境の整備

近年、実用化に向けて検討が進められている「生ごみバイオガス化燃料電池発電施設」を建設、これにエコカーの動力源である天然ガスや電気の供給施設（エコ・ステーション）を併設し、エコカーの充填・充電環境を整備する。

整備対象地域は、商業施設の集積度、用地確保の点で立地適性が高い東京湾臨海部を想定する。

2　期待される効果と影響

● 環境問題の改善

一定地域の域内交通手段を従来のディーゼルおよびガソリン自動車からエコカーに代替することによって、大気汚染や地球温暖化の防止が図られるなど、東京圏における環境改善効果が本プロジェクトの最大の効果として期待される。

また、事業系ごみを利用した発電施設を整備し、これをエコカーの動力源として利用することによって、これまで都市問題の一つとされてきた有機性廃棄物の再資源化が促進されるなど、新エネルギーの創出やごみ問題の改善が期待される。

● 域内物流の効率化

業務地区において共同集配を実施することにより、車両あたりの積載率の上昇、域内における配送車両数の削減など、域内物流の効率化が進むことが期待される。

● 地域イメージの向上

観光・行楽客向けのレンタカーやエコ・パーク・アンド・ライド・システムにエコカーを利用することによって、観光地や住宅地としての魅力づけが図られるなど、地域イメージの向上が期待される。

3　実施上の留意点

● 関連する取り組みとの連携確保

観光地のレンタカーシステムと住宅地のエコ・パーク・アンド・ライドシステムを一つの主体が一体的に運営してシステムの利便性を確保するなど、環境改善効果を最大化するために各地区におけるエコカー活用に関する取り組みの連携を図ることが重要である。

● 自動車の共同利用に対する意識啓発

欧州と比較して、我が国ではいわゆる「カーシェアリング」の考え方が浸透しておらず、自動車の共同利用を前提とした本プロジェクトを実施する上では、事業者・一般市民に対する意識啓発をあわせて行っていくことが重要である。

● 円滑な事業化に向けた調整、スキームの確立

「生ごみバイオガス化燃料電池発電施設」は、廃棄物施設としてのイメージが強く、用地確保については地域住民・事業者の理解を得る必要がある。

また、その建設には相当の初期投資費用を要するため、PFIの活用等を含めた事業スキームを確立することが求められる。

4 プロジェクト概算費用

さきに提案した「域内共同集配システム」と「エコ・ステーション（生ごみバイオガス化施設との併設）」をあわせて導入する場合の費用は、約九億円程度と想定される。

【費用の構成】

▼車両導入費用（天然ガス車十台）
〇・五億円
▼システム開発・集配施設整備費用
四・五億円
▼エコ・ステーション建設費用
*四・〇億円

* 環境省「地球温暖化対策実施検証事業」選定事例をもとに、敷地面積二〇〇〇m²規模を想定した場合の費用を推計した。

主な施策・事業

■ 域内共同集配車両、域内回遊車両、エコ・パークアンドライド用車両としてのエコカーの導入
◎ エコカー共同利用に関する実証実験の設計、実施に対する財政支援
◎ システム導入やエコカー購入に関するインセンティブ制度の創設
（エコカー共同利用システムのための協同組合設立に対する助成、エコカーに対する自動車税の減免など）

■ 生ごみバイオガス化技術を利用した新たなエコカー充填・充電環境の整備
◎ 生ごみバイオガス化燃料発電施設の建設およびエコ・ステーションの整備
◎ 天然ガス・電気など効果的な動力源供給システムの確立

Ⅲ リーディングプロジェクト

天然ガス車による東京都臨海副都心共同集配システム

東京都臨海副都心（台場、青海、有明地区）の商業施設、業務施設等の事業所に搬出・搬入する貨物（主に業務用日用品・食料品等の卸売貨物、オフィス用書類、備品等の小売貨物）を天然ガス車によって共同集配する。

【システムの流れ】

①臨海副都心内の未利用用地に整備した共同集配施設において域外からの搬入貨物、域外への搬出貨物の積み替えを行う。
②共同集配専用の天然ガス車（二〜四トントラック）約一〇台によって、一日三回程度、臨海副都心内における巡回集配を行う。

【システムの運営主体】

域内の主要荷主とトラック事業者などが連携した株式会社方式、もしくは複数のトラック事業者による協同組合方式による運営が想定される。

【期待される具体的効果】

臨海副都心内の物流を集約化することにより、地域内の貨物車交通量が減少し、交通混雑緩和や大気汚染物質排出量の削減が期待される。

また、東京都のシンボルの一つである臨海副都心においてエコカーの新たな活用に関する取り組みを実践することによって、東京圏におけるエコカー普及促進に向けた啓発効果が期待される。

【本システムの発展可能性】

先にみたように、本システム単独でみた環境改善効果は限定的であるが、例えば本システムを軸に、台場地区などへの観光・行楽客を対象とした電気自動車の域内レンタカーシステムや東京圏郊外の一般住宅地におけるエコ・パーク・アンド・ライドシステムとの連携を図るなど、エコカーの共同利用を広域的かつ一体的に展開することによって、より大きな環境改善効果の実現が期待される。

表16 ● 大気汚染物質（NOx、CO_2）排出量削減効果の試算例

① 現在の1日あたり域内トラック走行台数・距離

● 走行台数：60台
● 走行距離：5km/台・日
（臨海副都心において商業・業務施設が立地する約20区画について、区画あたり1日3台が集荷・集配を毎日行うと仮定）

② 新システムにおける1日あたり天然ガス車両台数・距離

● 導入台数：10台
● 走行距離：20km／台・日

③ エネルギー製造時＋走行時排出量原単位（環境省資料より設定）

● 従来車両：NOx=262mg/台・km　CO_2=440g/台・km
● 天然ガス車：NOx=40mg/台・km　CO_2=466g/台・km

④ NOx（窒素酸化物）・CO_2（二酸化炭素）排出量

● 従来車両：NOx=78.6g/日　CO_2= 132.0kg/日 【①×③】
● 天然ガス車：NOx= 8.0g/日　CO_2= 93.2kg/日 【②×③】

⑤ 大気汚染物質排出量削減効果（削減率）

●NOx：89.8%　●CO_2：29.4%　【1-(④天然ガス車／④従来車両)】

図26 ● 天然ガス車による共同集配システムのイメージ

■ 実施前

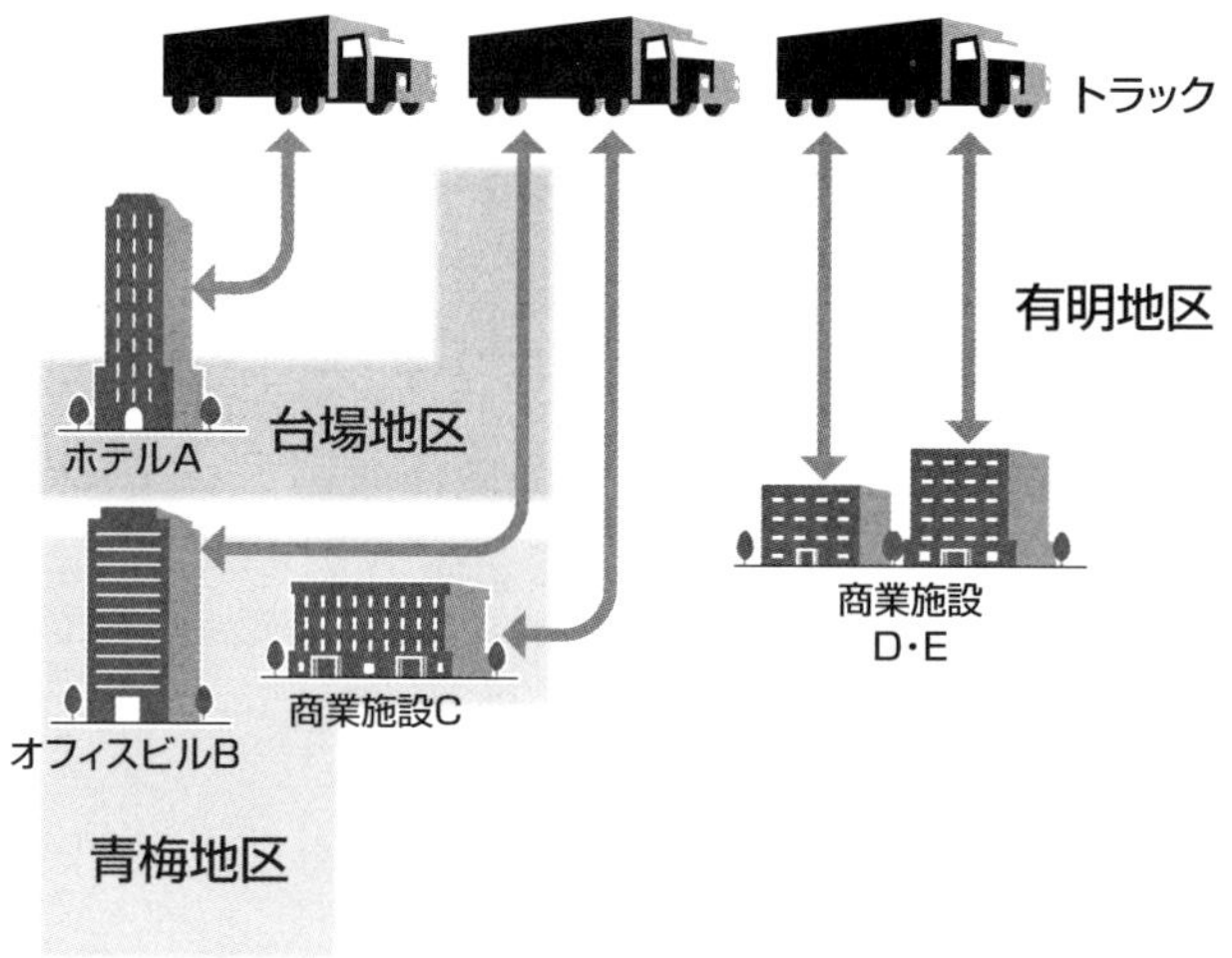

▼

■ 実施後

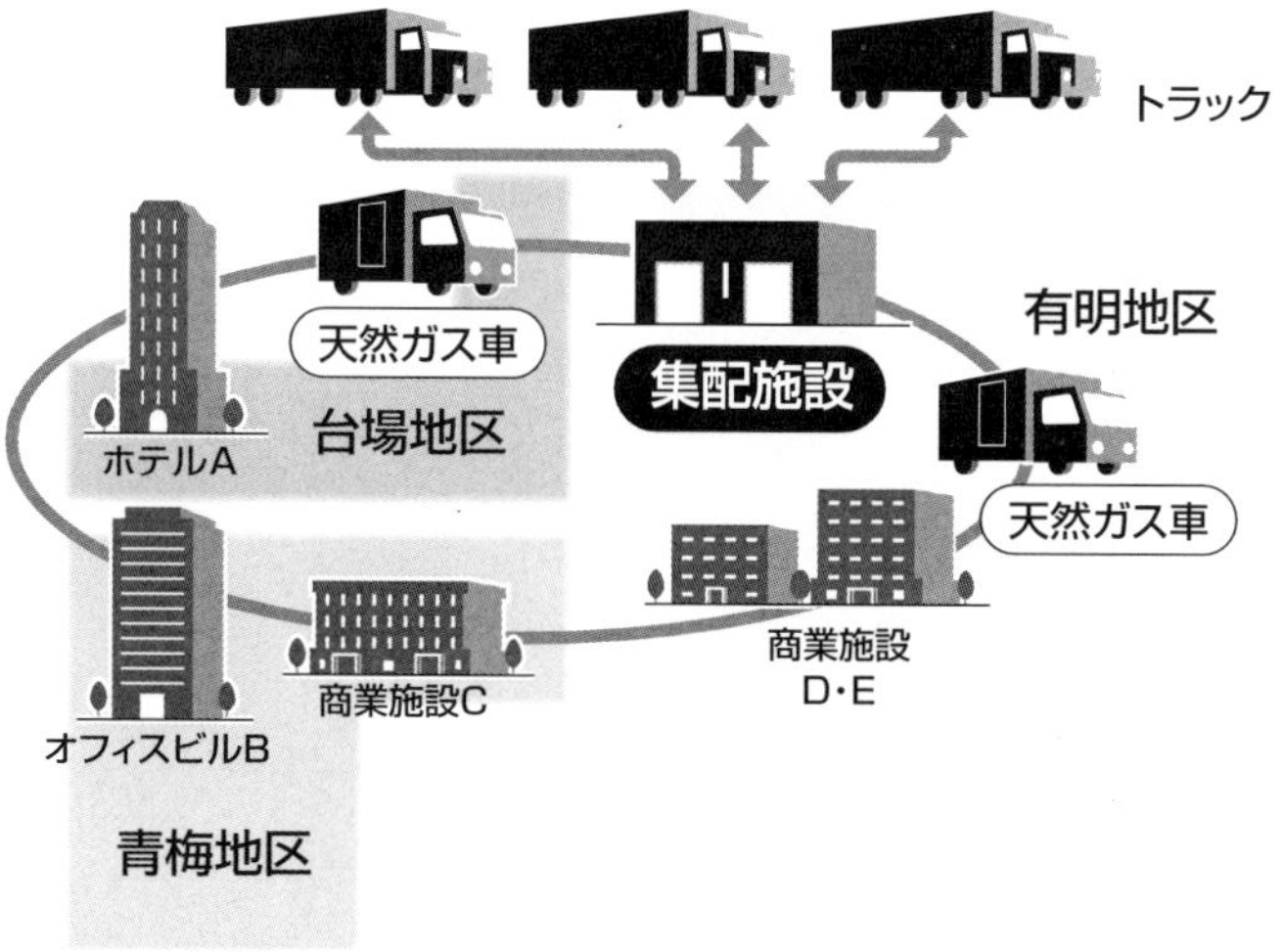

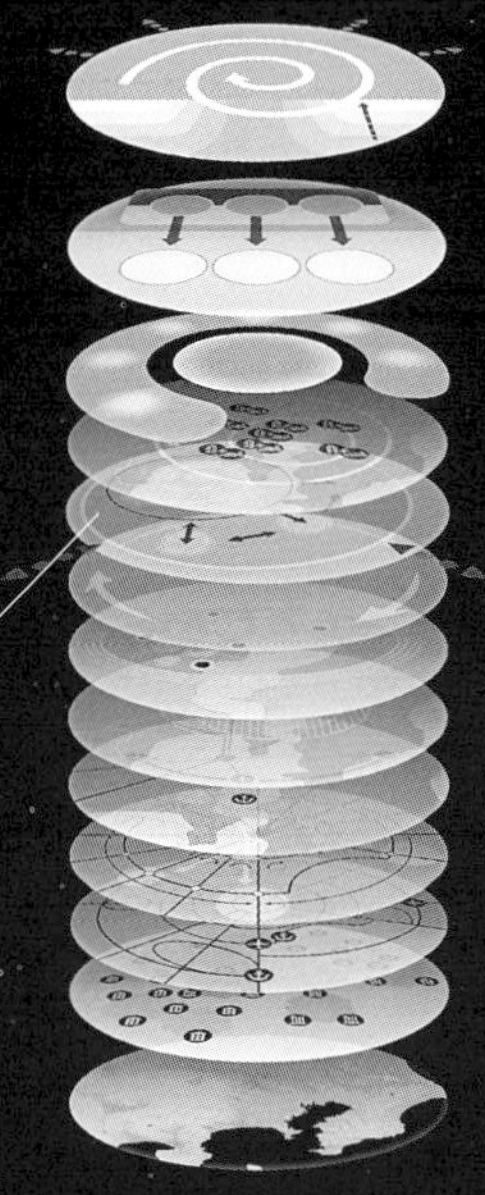

Layer-08　交流系(観光)都市システム

グローバル・コンベンション・シティの形成

2065年、東京は「全世界から生かされ、
全世界に影響を及ぼすグローバル・コンベンション・シティ」となる。
コンベンションは、本来"人が集まること～Human Gathering"を意味する。
全世界からあらゆる人たちがあらゆる場面で集うことによって活気づく都市こそが
グローバル・コンベンション・シティであり、
東京がそのグローバル・ネットワークの中心となるためには、
ビジネス、エンターテインメントならびに都市文化面で
魅力ある都市を形成することが必要である。

藤本 祐司

Project-13

I　都市の問題点と課題

全世界から人々が集まる仕掛けづくりの必要性

●東京の国際会議開催件数は世界第三三位と低迷

世界の智恵が集まる国際会議の開催件数は、その国・都市の世界への影響力を表わす一つのバロメーターである。二〇〇〇年、我が国で開催された国際会議件数は、国際団体連合（UAI）の統計でみると、国別では一三位、都市別では日本で最も開催件数が多い東京が世界三三位の五三件であった。アジアでは五位のシンガポール（一二四件）、一八位の香港（七六件）に大きく水をあけられているばかりでなく、ソウルの二〇位（七四件）、北京の三二位（五五件）に次いで、アジア第五位に甘んじている。しかし、東京、横浜、千葉を合わせると九一件（一九九八年実績※）となり、世界第一五位、アジアで第二位となる。Greater Tokyoでみると、現時点では世界の国際コンベンション都市に匹敵する。

世界各国・地域からは、我が国がアジアにおいて強いイニシアティブをとることを期待されている。その期待に応えるには、世界的な智恵の発信機能である国際会議など国際的なコンベンションの開催を推進する必要がある。

●アフターコンベンション活動が海外マーケットニーズから乖離

コンベンションの開催前後は開催された都市を楽しむ活動（アフターコンベンション活動）が組まれる場合が多い。人は都市を訪れた時、その都市特有の歴史・文化（街並み、名所旧跡、伝統文化・食事など）を楽しむ。ニューヨーク、パリ、ロンドンなどの都市は、ミュージカルやコンサート、ライブなどの閉演時間が遅

表17 ● 国際会議の都市別開催件数（順位）の推移

順位	国・地域名	2000年	1998年		1996年	
		件数	順位	件数	順位	件数
1	パリ	276	1	247	1	280
2	ブリュッセル	209	3	185	4	178
3	ロンドン	195	2	200	3	179
4	ウィーン	157	4	183	2	186
5	シンガポール	124	6	131	7	136
6	シドニー	121	16	81	23	65
7	ベルリン	112	8	105	13	85
8	アムステルダム	109	5	137	10	115
2	ジュネーブ	105	7	108	5	148
10	コペンハーゲン	103	9	104	6	146
11	ワシントンDC	100	11	102	9	116
12	ニューヨーク	98	14	92	12	110
13	ブダペスト	93	21	75	8	125
14	マドリッド	89	13	96	15	82
14	バルセロナ	89	22	74	20	73
16	ローマ	81	15	87	15	82
17	ブエノスアイレス	77	33	46	27	60
18	香港	76	20	76	10	115
19	メルボルン	75	19	79	31	54
20	ソウル	74	37	43	22	67
20	ストラスブール	745	17	80	24	64
32	北京	55	36	44	21	71
33	東京	53	26	59	24	64
不明	京都	21	不明	23	不明	21
不明	横浜		不明	21	不明	15
不明	千葉		不明	11	不明	7
不明	大阪	13	不明	9	不明	20

資料）コンベンション統計2000（国際観光振興会）に掲載されたUAI統計より作成

※ 横浜・千葉の開催件数が2000年は不明のため、3都市合計は98年で他国・都市と比較した。

く、アフタープレイディナーを楽しむためのホテルやレストランの閉店時間も遅い。東京では歌舞伎や能・狂言などの日本の伝統的芸能やコンサートやレストランなどが、全般的に早く閉まるのは、公共交通の運行時間が一つの原因でもある。ニューヨークの地下鉄が二四時間運行され、ロンドンでは地下鉄は東京とほぼ同じ時間帯での運行ではあるが、代わりにナイトバスが運行されている点が東京と異なる。

さまざまなエンターテインメントが、東京の居住者を対象としており、外国人訪問客を対象としていないことにも起因している。東京は外客をもてなすという意味では世界都市になっていない。マーケットの志向にあった細やかな対応が必要である。

●東京の国際競争力の低下と競争激化

IMD（スイスの国際経営開発研究所）の調査によると我が国の産業技術力は世界でもトップクラスと評価されているが、経済の総合力では評価が低下しており、結果として国際競争力ランクが先進国の中でも後順位となっている。

また、企業の会議を誘致する上で重要な国際的な企業、いわゆる多国籍企業（マルチ・ナショナル・エンタープライズ）のアジア・太平洋地域の地域経営統括本部（OHQ）の誘致活動が、日本、シンガポール、マレーシア、フィリピン、香港、韓国などを中心に九〇年以降激化している。特にシンガポール、マレーシア、フィリピンでは誘致に向けた奨励措置が積極的に講じられている。今後はWTOに正式加盟した中国がそのOHQ誘致競争に加わることが想定され、ますます我が国の政治・経済・文化面での牽引役を担う首都東京の国際競争力の向上が課題となる。そのため、東京においてもOHQ誘致に向けた優遇措置を講じることが求められる。

●コンベンション・ビューロー同士の連携が弱い

Greater Tokyoには、設立順に横浜、千葉、東京、大宮（さいたま）にコンベンション・ビューローが設置されている。各コンベンション・ビューローは、コンベンション主催団体への財政支援や参加者に対する割引制度を設定してはいるが、その範囲は各都県内、各市内あるいは該当するコンベンション施設を利用する場合に限定されており、東京、横浜、千葉、

表18 ● 地域経営統括本部などの誘致に関する優遇措置の例

●シンガポール

OHQステータス認定企業への減税としては、シンガポールにOHQを置く企業のうち、政府が同ステータスを認定した場合、①地域統括サービスによる所得や、海外の子会社および関連会社からのロイヤルティ所得に対する法人税を10%軽減（期間5～10年、延長も可）、②OHQ適格企業のうち、実質的に最低一つ以上のグローバル機能をもつ企業に対し、2000年課税年度より最大10年間の免税措置（グローバル統括会社）がある。

●マレーシア

OHQ認定企業には、サービスの提供による経営指導料、マレーシア金融機関からの調達資金によるローン貸付利益、マレーシア国内でのR&D業務から発生したロイヤルティに対して、法人税は10%の軽減税率が適用される。また、これら税引き後所得は免税配当として株主に分配でき、子会社や関連会社への投資から得た配当金も免税される。

●フィリピン

フィリピンおよびアジア太平洋地域ならびにその他の市場における関係会社、子会社、支店に対し一定のサービスを提供する企業で、かつフィリピン国内で所得を得ることができる地域経営統括本部（OHQ）は、フィリピン国内での所得について10%の優遇所得税が認められる。

資料）日本貿易振興会「2001年ジェトロ投資白書」より作成

さいたまの四都市の連携は弱い。

今は国際コンベンション誘致に関しても東京圏内でパイ取り合戦にしのぎを削っている時ではない。競争相手は世界にあることを認識し、まずはGreater Tokyo京内の各都市の連携を緊密にし、相互の情報交換や共同営業戦略、役割の明確化などの課題に対応することが必要である。

Ⅱ プロジェクト

1 プロジェクトのあらまし

●高質なビジネス地区とエンターテインメント地区の形成

世界中の人が集う都市へと東京を再生するには、ビジネス地区の整備と優良企業の活躍の場が必要である。現在、東京都心には、「丸ノ内一・二丁目」「汐留地区」「品川地区」「六本木地区」さらには「豊洲地区」や「東雲地区」などのビジネス機能の導入を核とした複合機能地区の開発が民間主導で進んでいる。このようなビジネス地区の整備を促進するとともに、アジア各国で推進されている多国籍企業誘致の促進に向けた優遇税制等各種優遇策を講じる。

また、コンベンションや企業誘致にはエンターテインメント機能も重要な要素である。それは、ラスベガスが、見本市などのコンベンション誘致で大成功をおさめていることからも想像にかたくない。その点、Greater Tokyoには臨海副都心（お台場地区）、銀座、六本木、東京ディズニーリゾート、横浜など現在でも世界有数のエンターテインメント地区が立地している。これらの機能をターゲットとする外国人訪問客の行動や志向にあわせたモデルコースや商品構成を検討するなど、コンベンションと密接な関連をもった個性的なエンターテインメント地区を形成する。

●ビジネス地区・エンターテインメント地区とコンベンション施設との連携強化

コンベンション主催者や参加者にとっては、利便性の高い場所でのコンベンション開催が重要なポイントである。それは国際会議場や見本市会場の立地だけでなく、国際空港、コンベンション会場ともなるホテル、エンターテインメント施設が整っていることが必要である。そのために、東京を中心として都内のビジネス地区、横浜、千葉、さいたまなどの連携を緊密にするネットワークを整備するための仕組みを構築する。

すなわち、情報ネットワークの整備や人の

移動利便性が確保されていることが求められる。先進のITを活用した機能整備を行うとともに、コンベンション施設と国際空港、ホテル、アフターコンベンション活動を実践するエンターテインメント地区などを結ぶ二四時間対応の交通ネットワークを整備し、外国人訪問客にもわかりやすい案内表示の設置や弾力的な交通料金体系を設定する。

●コンベンション・ビューロー機能の強化

Greater Tokyo内の各コンベンション・ビューローの上部組織として、Greater Tokyoコンベンション・ビジターズ・ビューロー（以下、GTCVBとする）を設置し、現在のGreater Tokyo内の各コンベンション・ビューローの機能を強化する。現在の各ビューローは、自都県内や特定の施設に関するサービス機能に限定されている。新たに設置するGTCVBでは、Greater Tokyoとして、積極的な誘致活動を支援するマーケティング機能やコンベンションの企画・運営支援、およびコンベンション・オーガナイザーやミーティング・プランナーの育成機能を充実する。

また、各ビューローにおける無用な競争を減らし、コンベンション誘致の効率性を向上するために各ビューロー間での情報を集約した調整機能を整備する。例えば、コンベンションの日程が重複する場合、会場や宿泊施設などの規模や必要量があわない場合、アフターコンベンションの希望内容などを考慮して、相互利益が向上するシステムとして、GTCVBを設置する。

こうして、コンベンション誘致に関する役割分担は、国際観光振興会（JNTO）や日本コングレス・コンベンション・ビューローといった国の機関が、主として宣伝活動や海外情報提供機能を、GTCVBが営業活動（誘致活動）や各ビューローの調整機能および人材育成機能を、また、各コンベンション・ビューローは主として受入の際の自都県内および特定施設利用の支援機能を受け持ち、全体として世界の主たるコンベンション・ビューローに匹敵するビューローを整備する。

2　期待される効果と影響

●東京の知価と世界に対する発言力の向上

東京は、多様なビジネス情報と企業人の交流が促進され、知識・情報等の集積による『知価』の向上によってグローバルな都市間交流の中心的存在となる。そのため、世界に対する影響力をもつことになり、同時に政治的、経済的、文化的な側面で世界に対する発言力が向上する。世界都市としての位置づけが堅固なものになる。

●世界との相互理解の深度化

東京に集まる人が増え、新しい生きた情報が集まることによって、人と人との心のふれあいの場も拡大する。また、グローバルな交流が促進されることによって、江戸時代から続く四〇〇余年の歴史に裏づけされた独自性の高い都市文化を世界に発信し、我が国および東京に対する理解を深めることにつながる。また、人と人との交流によって世界のさまざまな文化が入り込むため、東京に住む人々の国際理解も深まる。

3 実施上の留意点

役割分担と連携および競争と協調

現在は各ビューローの活動が地域的に限定されており、Greater Tokyo内での競争が激化しないように留意することが必要である。世界的なスケール観からみると、地理的に近く、同一国際空港を利用するため、千葉、横浜、さいたまはGreater Tokyoに含まれることを認識し、競争による各都市の質の向上と協調による量の拡大をめざす姿勢が求められる。

主な施策・事業

- ◎ 観光客やビジネス客に対する東京独特のエンターテインメントの提供
- ◎ 多国籍企業などの地域経営統括本部（オペレーショナル・ヘッド・クォター）誘致促進に向けた特別地区の設定
- ◎ 多国籍企業に対する法人税ならびに外国人従業者に対する所得税・住民税の優遇措置などの設定
- ◎Greater Tokyoコンベンション・ビジターズ・ビューローの設立
- ◎ 社団法人東京コンベンション・ビジターズビューロー、財団法人ちば国際コンベンション・ビューロー、財団法人横浜観光コンベンション・ビューローおよび社団法人大宮観光コンベンションビューローの機能強化および緊密な連携
- ◎ 都内の主要都市公共交通（ビジネス地区とエンターテインメント地区を結ぶ地下鉄など）の二四時間運行
- ◎ 東京都ホテル税や地方消費税などのコンベンション施設への還元およびコンベンションレートの設定
- ◎ 外国人にわかりやすい案内表示や情報・サービスの提供
- ◎ 国際会議施設ならびにエンターテインメント地区などでの外貨両替所の設置

Ⅲ リーディングプロジェクト

観光客やビジネス客に対する東京独特のエンターテインメントの提供

Greater Tokyoには、世界的にも有数のエンターテインメント・メニューが数多く存在している。それらのエンターテインメント・メニューは、観光客に対しては直接的な訪問目的となり、ビジネス客にとってはアフタービジネス活動として非常に有効である。こうしたエンターテインメントをコンベンションと結びつけることで、会議や見本市、研修、社員の志気高揚を目的としたインセンティブなどの開催地としての評価を高める。

現在の外国人訪問客の志向としては、概して欧米人は我が国の歴史と文化に興味を示し、アジア諸国は都会性に興味を示す傾向がある。東京には、江戸以降の歴史と伝統や、明治・大正時代の市民文化の素材がある上、世界でもトップクラスの都会的雰囲気をもつ。これらの素材を活かして、外国人訪問客に喜ばれるエンターテインメント地区の整備を進める。

歴史・文化地区の再生・創造

- 伝統的工芸「匠の世界」やアニメ技術の粋を集めた「アニメの世界」など、我が国の世界に誇る技術やコンテンツに触れるテーマ性あるショーケース（テーマパーク）地区の整備
- 銀座界隈に集積する日本独特のエンターテインメントである歌舞伎・能・狂言・演芸、さらに宝塚歌劇などを活用した外客誘致の推進
- 歴史的街並みや建造物を利用しながら保存する動態保存の推進
- 廉価で快適なジャパニーズインの集積地区の整備

移動をスムーズにする交通ネットワーク強化

- 外国人訪問客に利便性の高い滞在期間限定の乗り放題券や事業者共通パスの発行
- 地下鉄やナイトバスの二四時間運行

エンターテインメント情報と簡易な予約システムの提供

- コンベンション・ビューローや駅のキオスクなどにおけるエンターテインメント情報の提供
- コンベンション会場やホテルコンシェルジェでの手配システムの確立
- 海外に対する情報の提供とインターネットなどを活用したチケット予約システムの構築
- 会場周辺を含めた英語表示の徹底

図27 ● コンベンション・ビューローの連携イメージ

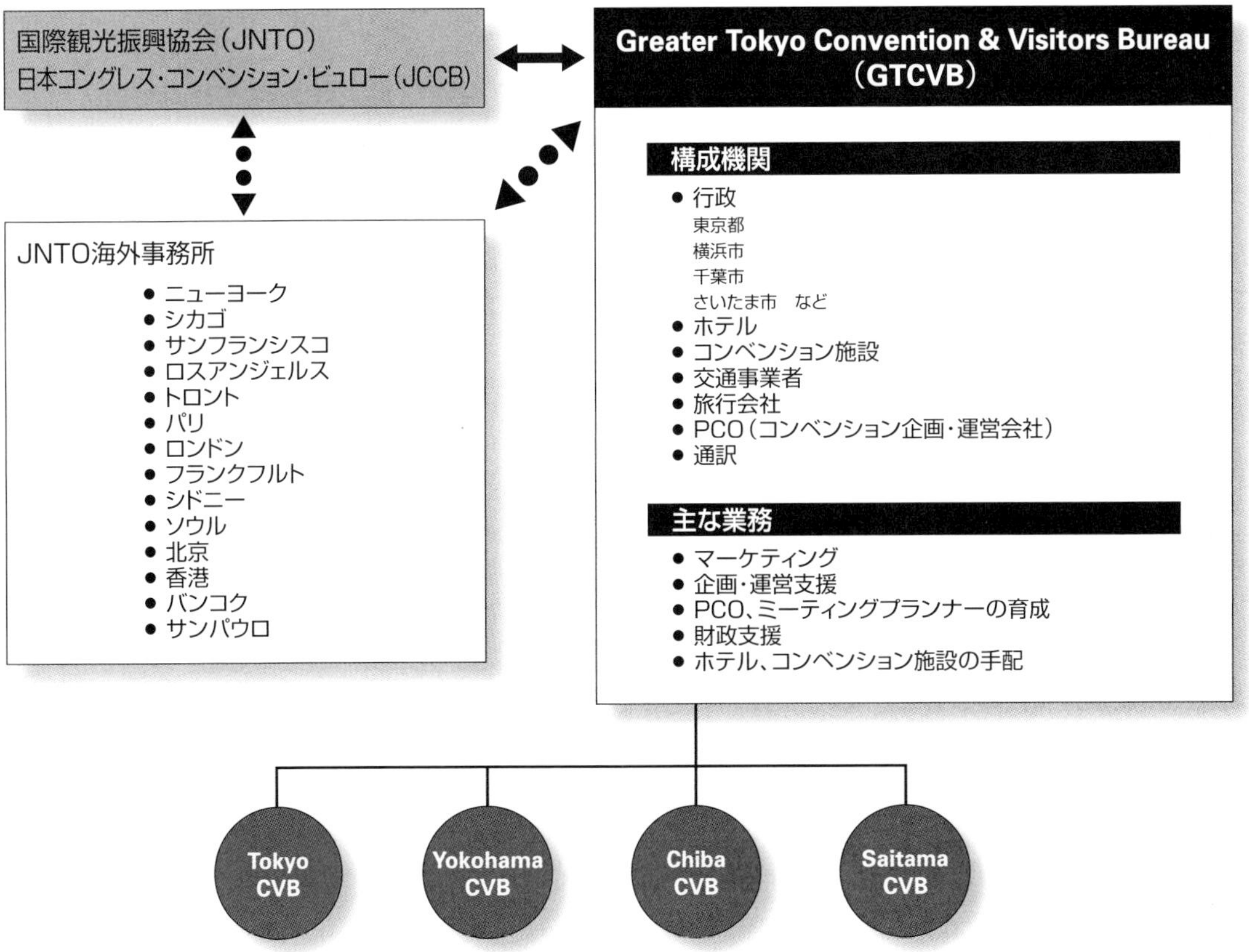
国際観光振興協会（JNTO）
日本コングレス・コンベンション・ビューロー（JCCB）
JNTO海外事務所
● ニューヨーク
● シカゴ
● サンフランシスコ
● ロスアンジェルス
● トロント
● パリ
● ロンドン
● フランクフルト
● シドニー
● ソウル
● 北京
● 香港
● バンコク
● サンパウロ
Greater Tokyo Convention & Visitors Bureau
（GTCVB）
構成機関
● 行政
東京都
横浜市
千葉市
さいたま市　など
● ホテル
● コンベンション施設
● 交通事業者
● 旅行会社
● PCO（コンベンション企画・運営会社）
● 通訳
主な業務
● マーケティング
● 企画・運営支援
● PCO、ミーティングプランナーの育成
● 財政支援
● ホテル、コンベンション施設の手配
Tokyo CVB
Yokohama CVB
Chiba CVB
Saitama CVB

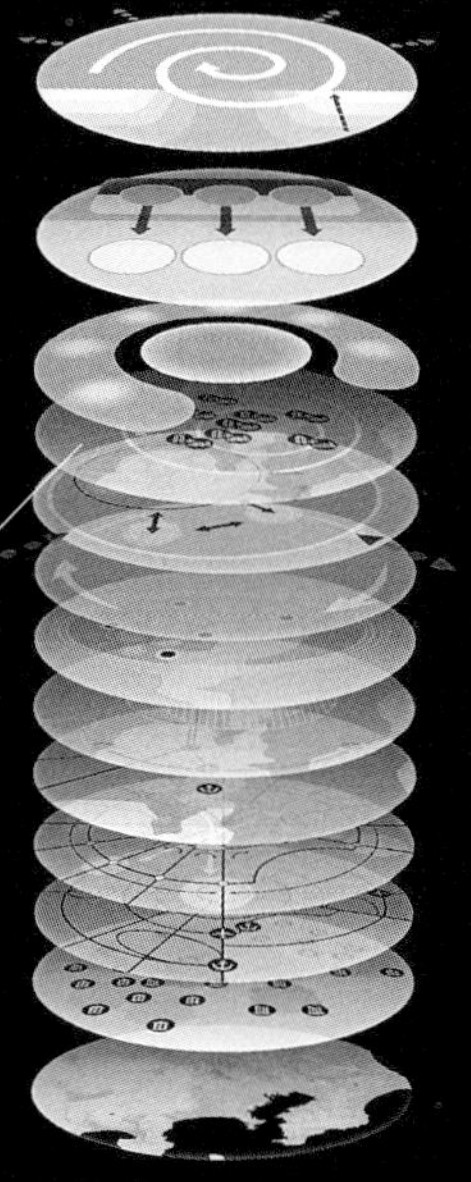

Layer-09　産業業務系都市システム

大学の都心立地による首都圏の産業リノベーション

社会を牽引する新産業の創出を促進するため、
先端的な研究機関と企業の密接な連携を確保する必要がある。
そこで、東京の既成市街地内に、
大学と企業が融合する空間的な一体性が確保された
コラボレーション環境の形成を提案する。

Project-14

大塚　敬

I　都市の問題点と課題

東京における機能再編成の必要性

●過度の分散政策による産業構造転換の遅れ

東京においては、既成市街地における産業および人口の過度の集中の防止などを目的とした、「**首都圏の既成市街地における工業等の制限に関する法律**」（以下、工業等制限法）によって、制限区域（工場等制限区域：東京二三区・武蔵野市の全域、横浜市・川崎市の約半分、三鷹市・川口市の一部）内での一定面積以上の工場や大学の新設・増設が制限されてきた。この法律が制定された昭和三四年と現在とでは産業構造に大幅な変化がみられ、製造業からサービス業・ソフトウエア産業へのシフトが進展するとともに、製造業の中でも、重厚長大型、規格大量生産型の製造業から軽薄短小の高付加価値型の製造業にシフトしている。

このため、製造業事業所は機能の更新が求められているが、工業等制限法によって工場などの新設、増設が厳しく制限されているために、東京の産業構造の転換が阻害される結果となってしまっていた。その後、数度にわたって見直しがなされ、外食産業型食料製造業やリサイクル型製造業、開発試作型工場の適用除外など、一定の条件を満たす施設の新増設は可能となっているが、依然として製造業者が都心の事業所用地を自由に利用転換することが可能とはいいがたい状況にある。

●少子化にさらされる大学の都心立地の制限

また、この工業等制限法は、工業「等」として、工場だけでなく大学の既成市街地への新設・増設をも制限している。このため、一九七八年に中央大学が文科系学部を八王子に移転したのを皮切りに、八〇年代には東京都心部に立地する多くの大学がキャンパス拡張にあたって東京郊外に移転する動きが相次いだ。

ところが、今日、少子化に伴う受験者数の減少が予想以上に早まったため、大学は急速に生き残りをかけた競争にさらされることとなった。

こうした中で、かつて郊外に移転・立地した大学は、交通利便性の低さから受験生に敬遠される危機感を強くしている。これは、人気の高い有名大学においても例外ではなく、例えば、青山学院大学は、少子化による大学間競争の激化をにらんで、交通アクセスが不便であった厚木キャンパスを廃止、厚木キャンパスに比べてアクセスの良い相模原市の鉄道駅近傍の敷地への移転を決めている。

こうした状況から、近い将来の大学全入時代を見据えて、大学がより競争力の高い立地条件を求めて東京中心部への立地を志向するのは当然の帰結であるが、工業等制限法により不可能となっていた。

このため、工業等制限法の大学に係る規定の見直しを求める機運が高まり、一九九七年三月には、法の運用緩和措置として、収容定員の増加を伴わない場合や、社会人、留学生の受け入れ、夜間教育又は通信教育に係る収容定員の増加のための新増設などは制限区域内においても可能となり、さらに一九九九年には大学院が規制対象施設から除外されるといった措置がなされた。近年、都心のオフィスビルを教室として社会人向けの講座や大学院を本キャンパスとは別に設置している大学が多くみられるのは、こうした緩和措置に対応した動きである。しかし、一般学生の定員増を目的とした新増設は依然として不可能なため、一般学生と社会人学生との交流が困難となるといった弊害が指摘されている。

● 低未利用地を発生させ活用を妨げる規制の見直しの必要性

このように、工業等制限法は、製造業の事業所用地の利用に制限を課すことで、結果として低未利用地が生み出される要因となっている。また一方で、都心への立地を志向する大学がこうした低未利用地を取得・活用することも制限し、都心における土地の有効な利用を阻害する一因となっている。

こうした背景から、工業等制限法の見直しを求める機運が高まり、**総合規制改革会議**が二〇〇一年一二月に公表した「規制改革の推進に関する第一次答申」においては、工業等制限法について、廃止を含めて抜本的に見直すべきであるとされている。

人口の減少が確実となり、産業構造が変化した今日においても、大都市圏への産業、人口の過度の集中の是正という政策目標自体は間違ったものではない。しかし、行き過ぎた分散政策により、我が国の活力を牽引すべき東京の都市構造の転換の遅れが顕著となった今、「総合規制改革会議」が掲げる法の廃止ないしはそれに準ずる見直しの早期実現が求められるとともに、法の見直し後を見据えた都心部の工業集積地域における産業構造と土地利用に係る新しい政策の確立が必要となっている。

II　プロジェクト

1　プロジェクトのあらまし

● 産業と企業の一体的な集積の促進による連携の促進

工業等制限法の抜本的な見直しを行い、東京に立地する製造業事業所の機動的な更新を可能とするとともに、あわせて大学についても、一般学生を対象とした学部部門も含め、東京への立地制限を緩和する。

東京における工業などに係る施設の新増設制限の緩和措置を活用し、東京の規格大量生産型の製造業事業所の高付加価値型への転換を促進・支援する。また、産業構造転換によって低未利用地化した用地を活用し、製造業の新たな研究開発機能や開発試作型工場の立地誘導をはかるとともに、産業集積地の遊休地化した用地や、産業集積地近傍への大学の立地を誘導する。また、公共交通基盤の整備や生活支援型機能の導入など、産業集積地における機能転換に対応した基盤整備をはかる。さらに、国公設研究機関の機能を活用した産学官の連携を仲介・促進する機能を導入する。

こうして、製造業と大学が、空間的な一体性が確保された中で、日常的に連携して研究開発に取り組む環境を整備することで、大学における先端的な技術が円滑かつ迅速に製造業に移転され、東京の産業集積地を規格大量生産型生産機能集積地から、研究開発機能の集積拠点へと再編することが期待できる。

2　期待される効果と影響

● 大学と企業の融合による新産業の創出

大学と企業との空間的な一体性が確保された環境の中で、大学における先端的な研究成果が企業にスムーズに移転される。これにより、日本全体を牽引する新産業の創出が期待できる。

●製造業集積地域の地域活性化の促進

新産業の創出により、東京の製造業集積地域の経済の活性化が図られる。また、大学の立地により若年人口を呼び込み、人口の空洞化が進む東京の製造業集積地域の地域社会の再生が図られる。

●産業構造の転換により発生した低未利用地の有効活用

新たな産業の創出や大学の移転・新設により、産業構造の転換によって低未利用地化した都心の産業跡地の有効活用が図られる。

図28 ● 大学立地による若年人口増
（八王子市の例：1970年を100とした指数）

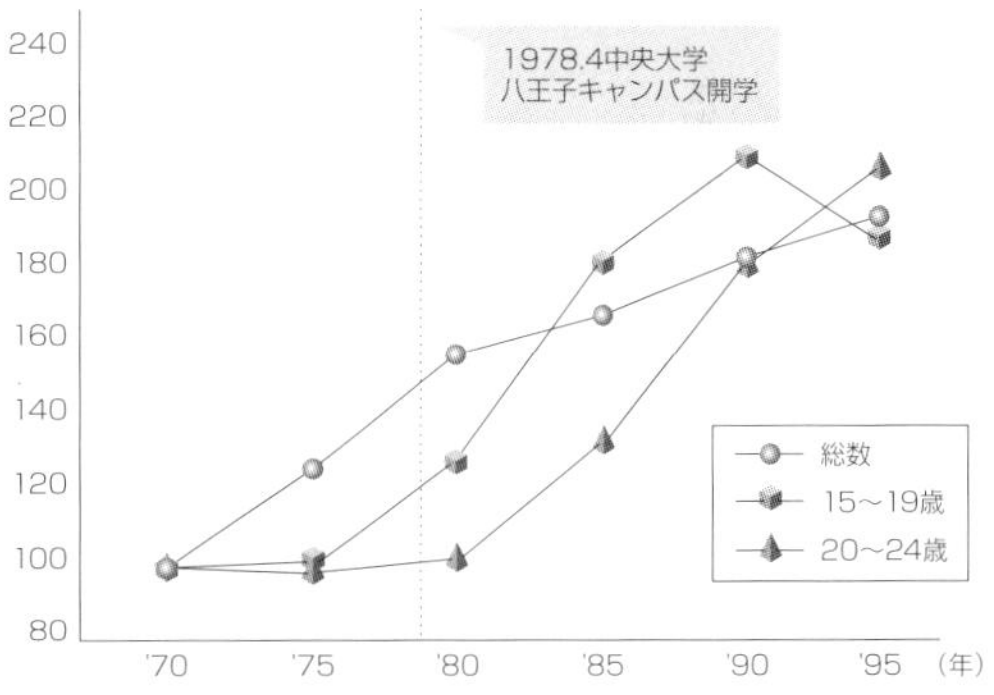

資料）総務省「国勢調査」より作成

図29 ● 制限区域における人口の停滞
（京浜臨海部の例：1975年を100とした指数）

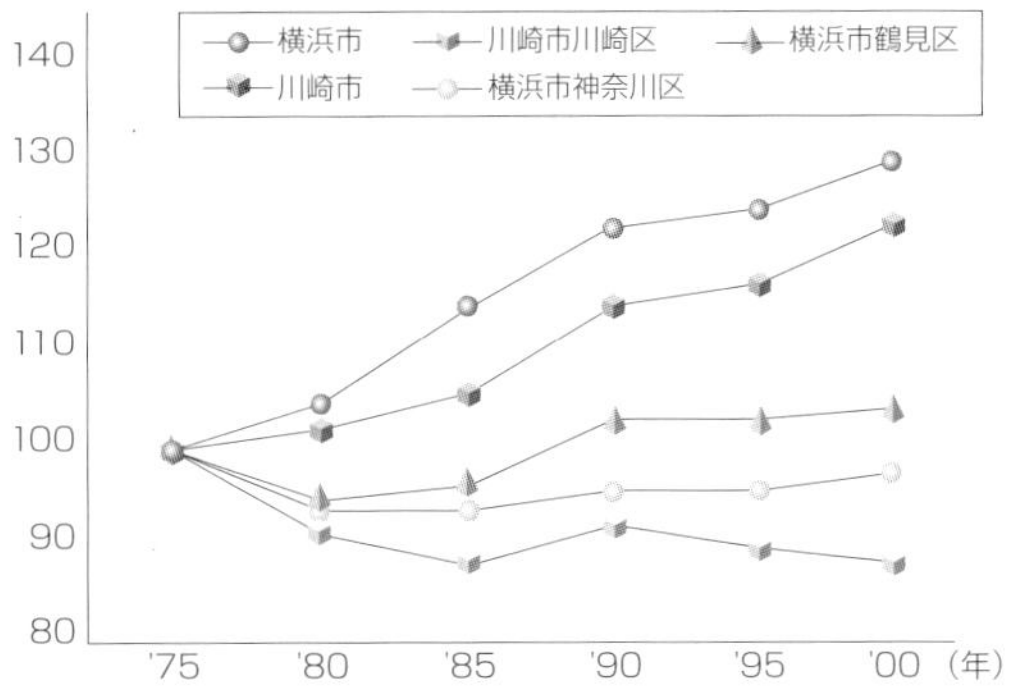

資料）総務省「国勢調査」より作成

主な施策・事業

◎ 工業等制限法の廃止も含めた抜本的見直しの早期実現
◎ 東京の産業集積地内および近傍への大学・大学院の都市計画による位置づけと立地誘導
◎ 産業集積地の研究開発機能への転換に対応した公共交通機関の整備や生活関連機能の導入
◎ 進出大学と企業の連携コーディネート組織の組成
◎ 進出大学と企業の共同研究施設の整備
◎ 先導的整備地区の設定（京浜臨海部コラボレーションパークの整備）

Ⅲ リーディングプロジェクト

京浜臨海部 コラボレーションパークの整備

● 京浜臨海部の現状と可能性

我が国の主要な工業集積地域の一つである京浜臨海部は、長い間、全域が工業等制限法の制限区域に指定される中、生産機能の他地域への移転やリストラクチャリングによる空洞化が深刻な課題となっていた。このため、神奈川県、横浜市、川崎市の関係地方公共団体および民間団体は工業等制限法の見直しを国に働きかけていた。こうした情勢をふまえて、一九九九年三月、京浜臨海部の工業用埋め立て地は制限区域から除外された。この見直しを受けて、横浜市、川崎市では、研究開発型企業の誘致や既存事業所の機能転換の促進に向けて、京浜臨海部の再編整備に向けた取り組みを次々と推進している。産学官が連携した研究開発拠点の形成をめざす「横浜サイエンスフロンティア」（鶴見区末広町）には、理化学研究所横浜研究所が二〇〇〇年一〇月に立地し、理化学研究所と連携して研究を行う横浜市立大学大学院鶴見キャンパスもすでにオープンしている。

● リーディング・プロジェクトの内容

こうした取り組みをさらに加速し、大学など先端的な研究機関と企業との連携を活性化するため、京浜臨海部への大学の立地誘導をはかり、空間的な一体性が確保されたコラボレーション環境の形成を図る。

すでに、京浜臨海部海側の工業用埋立地は制限区域から除外されており、工業等制限法の大学立地規制の対象からは除外されているが、これらの地域は、現行の都市計画ではほとんどが工業専用地域となっているため、大学の移転・新設は原則として認められない。また、京浜臨海部の内陸地域は、依然として制限区域に指定されている。これらの地域も、日本鋼管の遊休地の再開発として話題を呼びながら、思うような集客が確保できずに昨年閉鎖されたワイルドブルーヨコハマの例にみられる通り、再編整備が急務となっている。

そこで、工業等制限法の今後の抜本的な見直しを見据えて、京浜臨海部の内陸地域の既成市街地も含めた地域を対象として、新たな研究開発機能や大学の立地誘導をはかる。すでに整備されている「横浜サイエンスフロンティア」を中核として、製造業などの研究開発機能、研究試作型工場などと大学を一体的に集積させ、密接な連携により既存産業の高度化、高付加価値化と新産業の創出を促進する「京浜臨海部コラボレーションパーク」の形成を図る。

図30 ● 京浜臨海部の現状と将来イメージ
市の計画と運輸政策審議会で位置づけられた貨客線路線、臨海部エリア図と現状の大学の立地規制

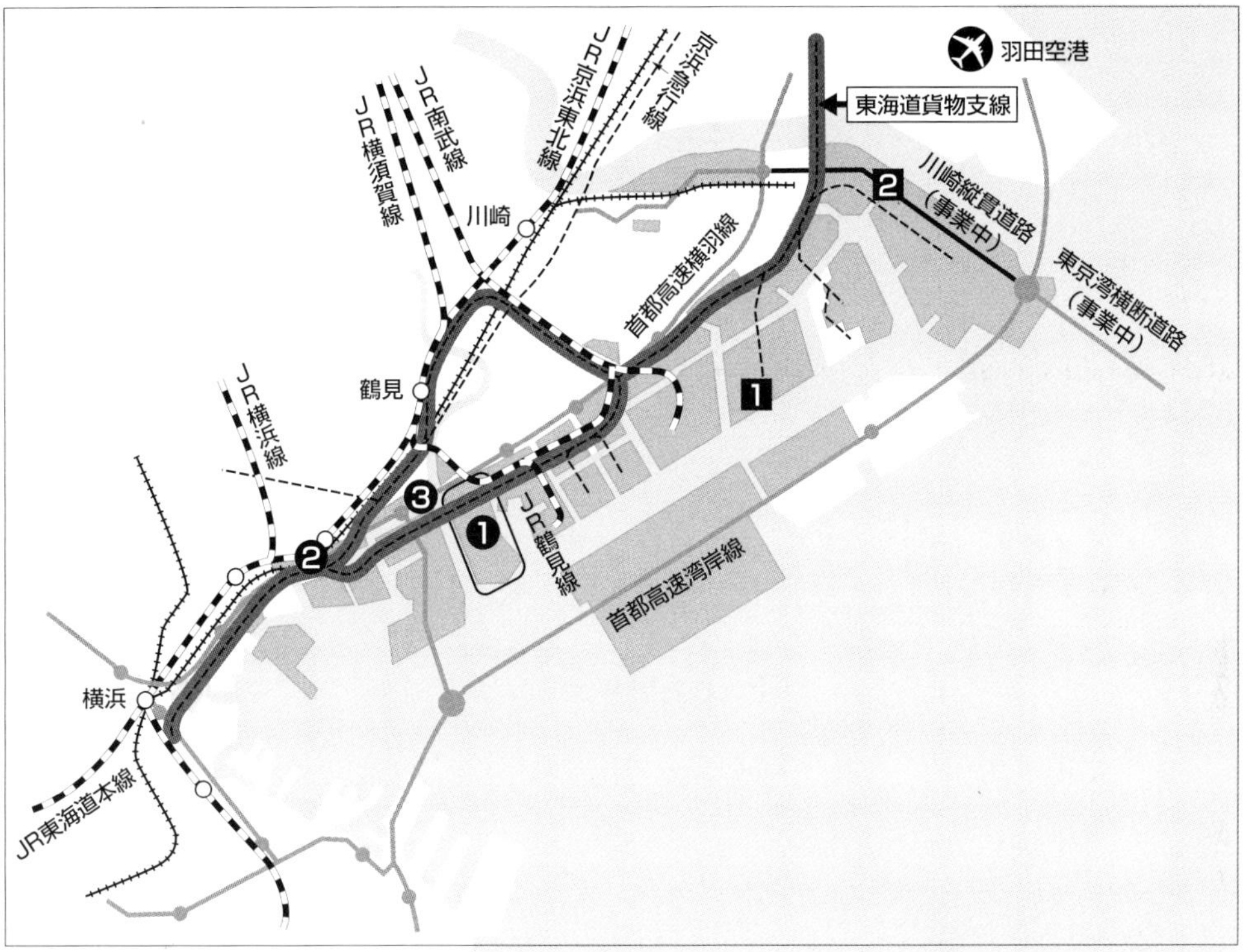

● **横浜市域で進められているプロジェクト**

❶ 横浜サイエンスフロンティア（京浜臨海部研究開発拠点）（鶴見区末広町）
❷ テクノロジー・ビレッジ・パートナーシップ施設（神奈川区守屋町）
❸ ファクトリー・パーク（鶴見区生麦）

■ **川崎市域で進められているプロジェクト**

1 ゼロ・エミッション工業団地（川崎区水江町）
2 高速川崎縦貫線（浮島IC～高速横羽線）

現行都市計画において原則として大学・高等専門学校、専修学校が立地出来ないエリア（工業専用地域、工業地域、市街化調整区域）
旅客線
貨物線

資料）横浜市・川崎市資料より作成

リーディングプロジェクトの具体的施策

◎ 横浜市、川崎市の都市計画における京浜臨海部への大学の位置づけ
◎ 京浜臨海部における遊休地の把握と大学、研究機関等への斡旋
◎ 東海道貨物支線の貨客併用化による交通利便性の確保
◎ 進出大学と製造業などの研究機関との連携のコーディネート組織の組成

Project-15

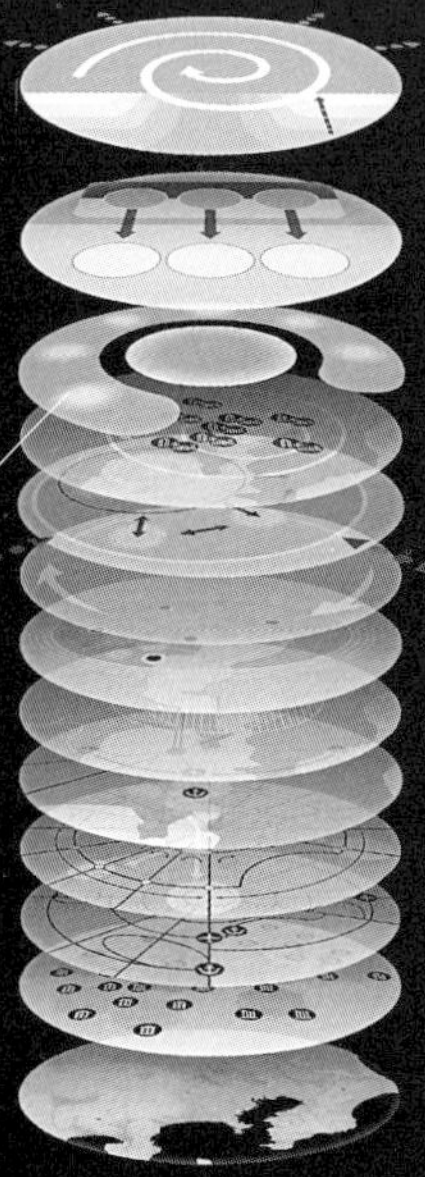

Layer-10　居住系都市システム

本格的な田園居住都市の創造
日本版レッチワース形成プロジェクト

戦後の住宅政策は、「量の充足」では一定の成果を収めたものの、
「質の充実」という面では、多くの課題を残している。
特に、ゆとりある広い住宅ストックを形成することは、
単に住宅の狭さを克服するだけでなく、
豊かな緑環境の形成や、
新たな居住スタイルの確立といった面においても及ぼす効果が大きい。
ここでは、「広さ」を追求した住宅ストックの形成と、
「郊外田園居住スタイル」の確立に向けたプロジェクトを提案する。

山本 秀一

I 都市の問題点と課題

「量の充足」の達成と「質の充実」の未達成

戦後、我が国の人口および世帯数は一貫して増加してきた。特に首都圏の人口は、戦後四〇年間に約二・一倍と急激に拡大し、深刻な宅地（住宅）難を引き起こしてきた。このため、宅地政策においては、大規模開発事業による大量供給が可能な郊外を中心に、供給促進策が進められた。その結果、一九六八年（昭和四三年）には全国で、また一九七三年（昭和四八年）には全都道府県単位でも、住宅数が世帯数を上回り、量的な面で我が国の住宅は一応の充足をみることになった。

一方、既成市街地では、地価の上昇や、産業・業務施設の立地、自動車の増加などにより住環境が悪化し、新規住宅用地の取得はもとより、再開発も困難な時期が続いた。そうして、「量の充足」が達成されてもなお、郊外宅地開発は継続して進められ、郊外田園地域では、大小様々な住宅地が無秩序に整備され、通勤時間の増大、狭小な宅地規模、画一的な街並みなど多くの深刻な都市問題を引き起こした。

狭い東京の宅地

特に、我が国の住宅規模については、兎小屋と称されたように、住宅一戸あたりの平均床面積は九七・一平方メートル（一九九九年時着工新設住宅）と、アメリカ（一八一・三平方メートル、一九九八年時新築住宅）・イタリア（一五四・九平方メートル、一九九四年時建築住宅）などと比較して、住宅の狭さは顕著である。

さらに、都道府県別一住宅あたりの敷地面積をみると、四九〇平方メートルと全国一広い茨城県に対して、東京都は一五七平方メートルと全国で大阪府（一四三平方メートル）に次ぐ狭さとなっている。住宅金融公庫個人住宅建設資金利用者（一九九九年）の平均敷地面積をみても、特別区部の平均敷地面積は一三一・七平方メートルと、茨城県（三一五・二平方メートル）の半分以下である。このように東京、とりわけ特別区部においては、敷地面積の小さい住宅が、ストックの大部分を占め、新たに建設される住宅も敷地面積が小さいものが大部分を占めている。

求められる多様かつ本格的な住宅ストック

一方、急速な高齢化の進展や女性の社会進出などを背景に、最終的に戸建住宅を志向する従来の画一的な住宅の住み替えパターンの多様化が進み、現状の住宅ストックでは、特に住宅規模の面で、生活者の多様な住み替えニーズなどに十分な対応ができていない。

郊外田園地域における「広い」住宅のストック形成

近年、都心部においては、企業の土地処分が進むことなどより、分譲マンションが活発に供給されており、都心居住政策が推進されている。都心居住は、日本人が、高い地価や事業系に偏った土地利用に阻まれてこれまで獲得できなかったもので、職と住とが近接し、充実した都市機能を享受する居住スタイルである。理想の居住スタイルの一つとして都心居住が定着することが期待される。

しかし、都心居住のみが、日本人の理想的な居住スタイルになるとは考えにくい。二〇世紀前半、アメリカでは、大草原を理想的な生活環境とする建国以来の「反都市主義」

を背景に、いくつかの実験的な郊外田園都市が建設された。このような郊外化は、モータリゼーションによる大気汚染や周辺農地の破壊を引き起こしたことは否定できないが、それ以上にアメリカ人独自の郊外田園居住スタイルを形成したことも事実である。二〇世紀後半、国家の近代化を成し遂げた日本人は、今後、個人のライフステージ・ライフスタイルに対応した理想的な居住スタイルを追い求めていく。都心居住とは対照的に、ゆったりとした宅地に自然環境と調和した居住スタイルを追い求める生活者のため、郊外田園地域に「広い」住宅ストックを形成していく必要がある。

II　プロジェクト

1　プロジェクトのあらまし

● 敷地面積一反(三〇〇坪)

「広く」「自然環境と調和」した本格的な住宅群を、都心部とのアクセスに優れた四〇～五〇キロメートル圏の郊外田園地域に形成する。住宅規模は一区画一反とする。一反は、人間一人が一年間生きていくのに必要とされる米一石が収穫できる耕地面積である。かつて、日本では、米一石を得て初めて経済的に自立できるといわれた。この旧来の日本人の生活感にもとづいた経済的自立に必要な最小単位を、本プロジェクトで提案する宅地面積の目標水準とする。

● 「家」と「庭」が一体となった生活様式の回復

居住者は、一反の敷地において、身近な空間に緑のある生活、家と庭とが一体といった日本人本来の生活様式を回復し、宅地の外(公園)でしか緑と係わることのなかった従来の自然との関係を再編する。このように、宅地の中に緑地(庭園)を持つ、自然環境と調和した宅地群は、まさに第五次全国総合計画で謳われた「庭園の島」にふさわしい国土の姿を創るものである。

● 高水準の基盤整備とライフスタイル提案型の街づくり

時代を先取りするライフスタイルを提案するために、高水準の都市生活基盤整備を行い、都心居住との格差を感じさせない街づくりを展開する。

具体的には、周囲の田園環境を生かした水と緑のネットワーク形成や、太陽光・風力などの分散型エネルギー供給システム、低公害車の共同利用システムなど、環境共生技術の枠を導入した街づくりを推進する。また、**環境共生住宅**街区や、ブロードバンドの情報通信基盤を備え持つマルチメディア住宅街区の整備など、特徴ある街区を構成する。

さらに、**地域通貨**の導入などにより、新しい居住者が新しい信頼関係をもとにしたコミュニティを形成する仕組みの構築も必要となろう。

2 期待される効果と影響

●「ゆとりある」居住ニーズへの対応

一反（三〇〇坪）の敷地面積を誇る広い住宅ストックが形成されることにより、ゆとりを求める居住者のニーズに応えることができる。

●郊外田園居住スタイルの確立

周囲の田園環境と調和したゆったりとした居住スタイルが、都心居住とともに、日本人の理想的な居住スタイルとして確立される。

●自然環境への寄与

宅地の中に、豊富な自然（緑地）が形成されることで、自然との係わりが個人の生活レベルにまで引き下げられ、日常的に自然と触れ合えるとともに、個々の敷地内での庭（緑）づくりが、地域の環境形成に大きく寄与することになる。

●日本文化の再生

「家」と「庭」とが一体となった日本人本来の「家庭」を再構築することが可能となり、日本人らしい文化と生活とが一体となった独自の様式が形成される。

●「日本版レッチワース」の形成

二〇世紀初頭、ロンドンの都心から北へ五六キロメートルの郊外に建設された、人口およそ三万人余の小さな町レッチワースは、二〇世紀、田園都市モデルとして、日本を含め世界各国の近代都市計画や、郊外宅地開発に影響を与えてきた。しかし、**川勝平太**氏は、田園都市の源流は、外国人が〈garden city〉と評した百万都市江戸の生活風景にあると指摘している。暮らしの中に緑（自然）が育てられて、生活と庭が一体となった江戸の美しい生活風景がイギリスに伝わり、田園都市思想を産み出し、都市づくりのモデル「レッチワース」につながった。

二〇六五年、都心部とのアクセス性に優れた郊外四〇～五〇キロメートル圏において、自然環境と調和した広い宅地群が実現されれば、新たな郊外田園居住スタイルのモデル「日本版レッチワース」として、日本のみならず世界各国に普及していくことが期待される。

3 実施上の留意点

郊外田園居住スタイルのモデルとなる住宅地を整備する地域は、以下の条件に適合する地域が望ましい。

①都心部までの交通利便性に優れた地域。または将来、交通利便性が確実に向上する地域。
②公的な主体によりまとまった規模の宅地供給が予定されている地域。
③美しい田園風景・資源に恵まれた地域。

III リーディングプロジェクト

つくばエクスプレス沿線開発地区での「広く」「自然環境と調和した」住宅ストックの形成

前述の実施地域条件に適合する地域として、茨城県南地域が想定される。

同地域では、二〇〇五年、**つくばエクスプレス**の開通が予定されており、つくば～秋葉原間が約四五分（直行）で移動可能となる。また、首都圏中央連絡自動車道の整備も予定されており、広域交通の利便性が格段に向上する。

また、同地域では、茨城県および都市基盤整備公団などにより、沿線九地区あわせて合計約一八四三ヘクタールにも及ぶ膨大な宅地供給が予定されている。

このように同地域の街づくりは、首都圏最後の大規模開発であると同時に、今世紀最初の大規模開発でもあり、我が国の成長から成熟への転換期にふさわしい魅力的な街づくりが期待されている。

そこで、これらの開発地区において、郊外田園居住スタイルを実現するための「広く」「自然環境と調和した」住宅ストックを形成するために、一区画一反（三〇〇坪）を目標水準とした「広い」宅地の街区を設定する。

一体的全域・共通個別プログラムの計画的実施による田園環境の形成

茨城県および都市基盤整備公団などは、県南沿線地域全域を田園環境地域として形成するために、地域全域を一体的に整備するプログラム（以下、「一体的全域プログラム」）と、各地域共通に導入する個別プログラム（以下、「共通個別プログラム」）の二つのプログラムを実施する。

「一体的全域プログラム」では、散策道として水辺・森辺空間を回廊状に整備する「水と緑と歴史のワーク整備」、地域の情報化を一体的に推進する「ブロードバンドコリドール（回廊）整備」、路線バス網の充実や低公害車の導入を推進する「公共交通ネットワーク整備」の三つの都市基盤整備・都市ネットワーク形成事業を実施する。また、全開発地区で、「環境共生住宅」「マルチメディア住宅」の導入促進事業を実施する。

「共通個別プログラム」では、「**水循環シス**

主な施策・事業

■ 地域全域に一体的に整備するプログラム
- ◎ 水と緑と歴史のネットワーク計画
- ◎ ブロードバンドコリドール（回廊）計画
- ◎ 公共交通ネットワーク整備計画
- ◎ 環境共生住宅導入促進事業
- ◎ マルチメディア住宅導入促進事業

■ 各地域共通に導入する個別プログラム
- ◎ 水循環システム導入計画
- ◎ コミュニティ駅（複合機能型）形成事業
- ◎ ユニバーサルデザインのまち事業
- ◎ 景観形成の促進　等

図31 ● つくばエクスプレス計画図

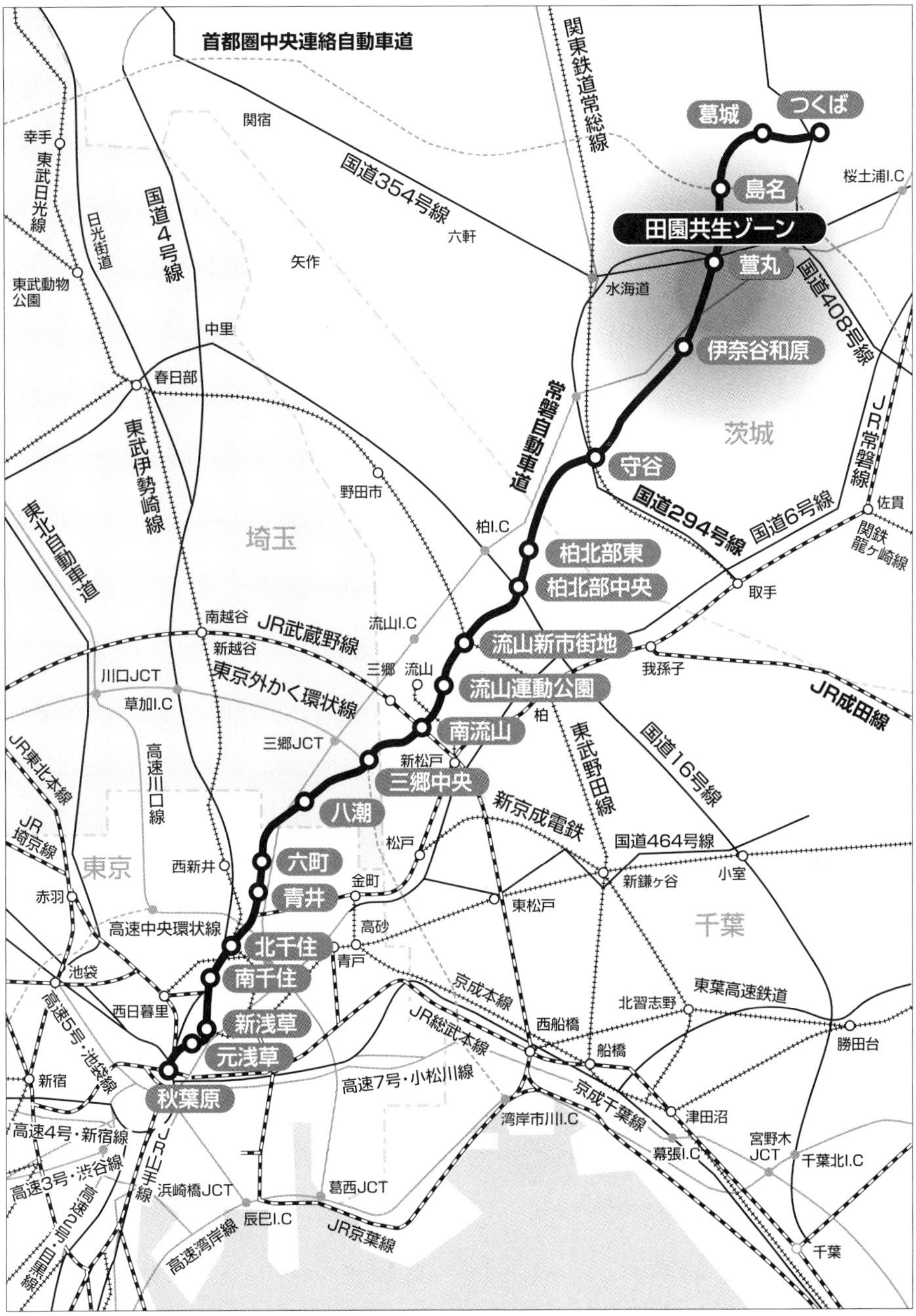

資料）つくばエクスプレスホームページ(http://www.mir.co.jp/index.htm)等より作成

テムの導入」、新しく整備される駅の「**コミュニティ駅**（複合機能型）整備」を実施する。また、「**ユニバーサル・デザイン**」の導入とともに、里山、河川、既存集落、筑波山など美しい田園景観を借景に取り込んだ住宅群の景観形成を促進する。

このように、「一体的全域プログラム」「共通個別プログラム」の二つのプログラムを各地区の地域特性を反映させ、計画的に実施・展開することにより、郊外田園居住スタイルを先導する住宅群を形成する。

「日本版レッチワース」の情報発信・普及

つくばエクスプレスの終着地となる筑波研究学園都市は、首都東京の過密緩和、首都圏の均衡ある発展、我が国最大の研究教育センター整備を目的に建設された（一九六三年閣議決定）計画都市である。

自動車交通に対応した東西南北に延びる格子状の幹線道路、都市公園・集合住宅などの都市施設整備は、その後の我が国の大規模ニュータウン建設に生かされてきた。

二一世紀初頭、筑波研究学園都市周辺地域において形成される、田園環境を反映した「広い」住宅ストックと、そこで展開される自然環境と調和した居住スタイルを、国内外に広くPRしていく。そうして、茨城県南地域は、二一世紀の田園居住のモデル都市「日本版レッチワース」として、広く普及していくであろう。

◆参考文献
川勝平太『富国有徳論』紀伊國屋書店（一九九五年）
川勝平太『文明の海洋史観』中央公論社（一九九七年）
東秀紀・風見正三・橘 裕子・村上暁信『「明日の田園都市」への誘い〜ハワードの構想に発したその歴史と未来』彰国社（二〇〇一年）

図32 ● 茨城県南地域の田園風景
（2001年8月7日撮影）

図33 ● ゆとりある広い住宅群のイメージ

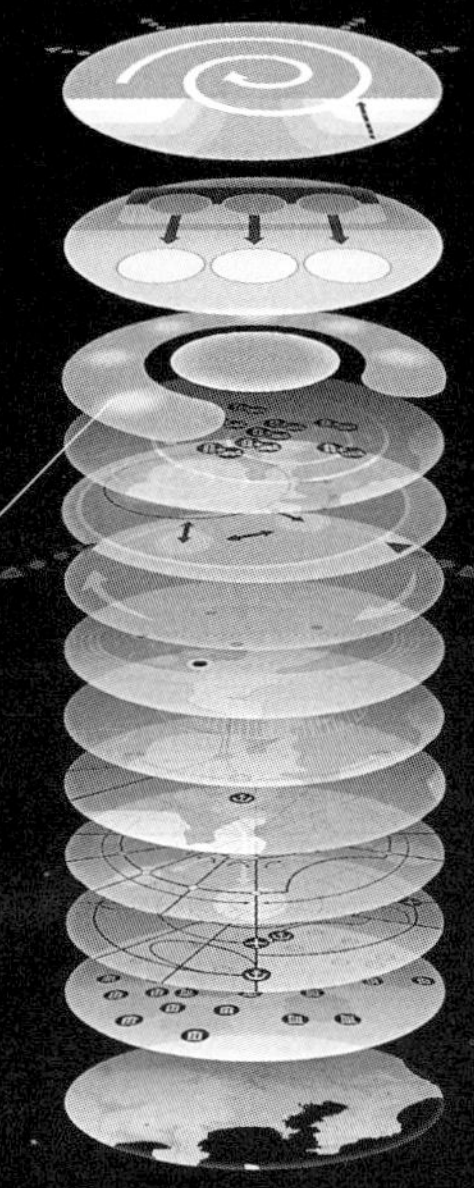

Layer-10 居住系都市システム

Project-16

中古住宅流通推進プロジェクト

豊かな住環境を創出するためには、
良質な住宅を供給する一方で、既存ストックの有効利用が欠かせない。
そのためには、中古住宅を流通させ、活用する仕組みづくりが必要である。

瀬川 祥子

I 都市の問題点と課題

住宅と居住者とのミスマッチ

我が国の住宅ストック数は世帯数を大きく上回るなど、量的に十分なストックを持つようになった。しかし、質的には決して満足な水準には至っていない。

その一つの現れが、住宅の広さと居住者数とのミスマッチである。六五歳以上の単身および夫婦世帯の半数が、一〇〇平方メートル以上の住宅に住む一方で、四人以上世帯の三割が一〇〇平方メートル未満の住宅に住むというミスマッチが生じている。住宅の広さや部屋数は、住宅に求められる最も重要な要件の一つであり、ライフステージごとに変化する同居家族の人数に応じて、広さに対する要望も変化するといえる。

しかし、戦後一貫して、持家の**一次取得**に対する優遇措置がとられてきたことや、バブル経済とその崩壊により住宅価格が大きく変動し、多額の買い換え損が生じることなどから、住み替えは一般的であるとはいいがたい。もちろん愛着のある家に生涯にわたって住み続けることが悪いわけではない。しかし、高齢者世帯が、生活の不便さや困難さを感じながら、高齢者にとって住みにくい住宅に住み続けたり、マンションを取得した夫婦が部屋数の不足により第二子の出産をあきらめるといった、いわば住宅に人生が縛られる本末転倒な事態は解消を図ることが望ましい。

スクラップ&ビルトされる住宅

住宅の平均耐用年数は、米国が四四年、英国が七五年であるのに対して、我が国は二六年と極端に短い。これまで、新築持家取得を促進する政策がとられていたこともあり、中古住宅はスクラップ&ビルドされ、有効にストックされてこなかった。

国における「住宅建設五カ年計画」の取り組み

二〇〇一年三月に閣議決定された新しい「住宅建設五カ年計画」では、市場機能を可能な限り活用して、住宅ストックの質を向上するとともに、ストックの有効活用を図ることが宣言された。そして、その実現に向けて、同年八月に「住宅市場整備行動計画（アクションプログラム）」が策定された。アクションプログラムの主な柱は、①中古住宅市場の整備、②賃貸住宅市場の整備、③リフォーム市場の整備、④新築住宅市場の整備の四つである。

中古住宅市場については、中古住宅の価値が客観的にわかるように、リフォーム履歴をはじめとした修繕・管理情報の登録・提供システムの構築や、耐震性能など性能の検査・表示制度の整備、これらを考慮した価格査定システムの構築、安心して売買できるための**瑕疵保証制度**の充実、市況情報などの整備が掲げられている。

これらを具体化することにより、中古住宅をはじめ、住宅に関する各種市場が整備されることが期待される。

中古住宅活用に向けた課題

この計画のポイントは、画一的な住宅供給を見直し、多様化するニーズやライフスタイルに合わせた住宅の供給体制を整備していくことにある。そのための手段として、市場機能の活用が位置づけられている。

しかし、市場機能を最大限活用するためには、市場を円滑に機能させる新たな仕組みが必要である。その一つは、住宅の評価基準を確立することである。そのためには、「住宅市場整備行動計画」で実施が予定されている中古住宅の性能評価や価格査定が、担保価値を評価する際など、常に適用される必要がある。

もう一つは、住み替えコストを低減することである。住み替えコストとは、自分に合った地域や住宅を探し、売買や賃貸契約を行い、引越しするまでのすべての費用や時間をさす。住み替えには、どうしてもコストがかかるため、無理をしながら自分に合わない住宅に住み続けることになりがちである。適切な住宅に転居する方が便益が高いと感じられることが必要である。

図34 ● 世帯類型別持ち家住宅延べ床面積の分布

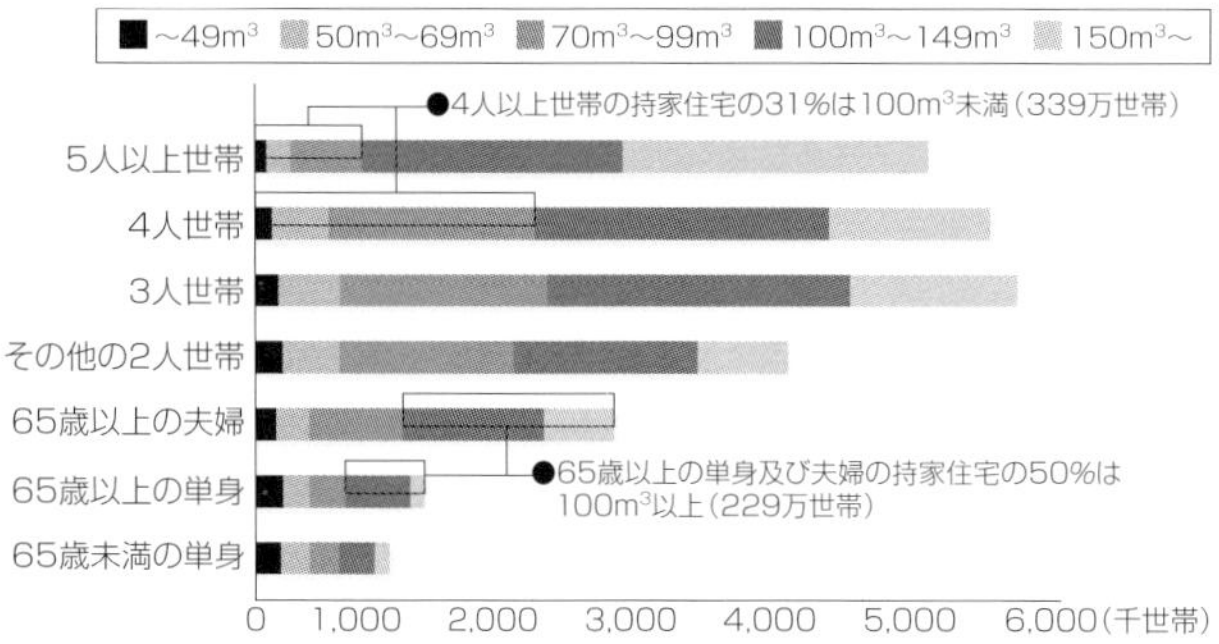

資料）総務庁「平成10年 住宅・土地統計調査」より作成

II プロジェクト

1 プロジェクトのあらまし

● 中古住宅の適正価格基準の確立

中古住宅の価値を適切に評価するためには、住宅性能表示システムや、売買時の価格査定システムといった新たなシステムの導入にとどまらず、既存の中古住宅に係わる様々な制度において、住宅評価の考え方を見直す必要がある。

例えば、二〇〇一年末時点における**リバースモーゲージ**の厚生労働省案によると、貸付額は土地評価額の五割となっており、建物は貸付の対象外である。これでは分譲マンション所有者が受け取る額は抑えられ、土地付きの戸建志向を助長することになる。このほか、現状では不動産取得税の控除額は、住宅の新築された日（築年数）で一律に決められており、中古住宅は適正に評価されていない。

これらについて、中古住宅性能表示や価格査定システムにおける残耐用年数を用いて評価するなど、土地のみでなく建物も含めて適切に評価されるよう制度の基準を変更する。

● 住み替えコストの低減

住み替えのための費用や時間といったコストを低減させるためには、①自分に合った住宅を探して選ぶ住宅選択コスト、②売買や賃貸契約コスト、③引越しコストを低減する必要がある。ここでは、①と②のコスト低減策について概要を説明する。

①住宅選択コストの低減：中古住宅を好みに合わせてリフォームできる仕組みづくり

中古住宅を選ぶメリットの一つは、実際に現物の住宅を見て、選べることにある。さらに、購入後に自分の好みに合わせたリフォームが容易にできれば、中古住宅は、自分の居住スタイルを廉価に実現する住まいとなる。

一方、不動産手数料は販売価格に比例していることが多く、リフォームにより販売価格を上げられることなどの理由により、現在、中古住宅は、販売前にリフォームされることが慣習となっている。

そのため、入居者の好みに住宅を合わせるには、購入後に再度リフォームが必要になり、二重のリフォームによる無駄が生じることになる。

購入前のリフォームを無くし、入居者が、購入後にリフォームできる流通システムを構築することで、二重にリフォームする無駄を発生させない適切なリフォームを可能とする。

② 売買コストの低減・ライフステージに応じた住み替え優遇税制の実現

現在の不動産売買に関する税制の優遇措置は、中古住宅を含むすべての住宅について、主に一次取得と長期居住に対して実施されており、これらは、住み替えコストの上昇を招いている。例えば、二〇〇三年までの「**特定の居住用財産の買換え特例**」では、所有期間十年超が条件となっている。つまり、住宅購入直後に、子どもがもう一人できたので広い家に住み替えようと思った世帯は、この措置には当てはまらない。適用のためには十年以上同じ住宅でがまんすることが求められる。

現在、住宅に関する各種優遇措置は、居住年数が要件になっているものが多く、これらについて、例えば、世帯構成員数の変化による住み替え時に優遇措置を設けるなど、ライフステージに応じた居住を支援する税制への変更を図る。

2 期待される効果と影響

● 中古住宅の価値形成

中古住宅が適正に評価されることで、土地だけではなく建物も資産として価値を評価されるようになる。そこで土地の担保価値が高いことを理由に戸建を選択する必要がなくなり、自らのライフスタイルに合わせて戸建・マンションを選択できるようになる。

● ライフステージに合致した居住の実現

住み替えコストが低減することで、世帯の人数などに合わせて、適切な規模の住宅に居住しやすくなるほか、家族の状況に応じて、両親と隣居したり、子どもが幼い間、職場に近居するなど、柔軟な居住が実現する。

● 好みに応じた住まいづくり

中古住宅は、購入後リフォームすることが一般化すると、戸建注文住宅以外で、自分の好みを反映することができる住宅となる。

● スクラップ&ビルド減少による環境負荷低減

中古住宅が適正に評価され、良質な住宅がスクラップされることなく修繕・維持し利用されるようになることで、建て替えに伴う建材廃棄物の発生が抑制され、結果として環境負荷が低減する。

● 良質なストック形成さらには街並み形成

住み替えやすくなることで、住宅選びが今以上に身近なものとなり、住宅や住環境に対する住民の意識が一層高まる。また、住み替え経験などにより消費者としての目が肥え、個別の住宅としての評価だけではなく、周囲の景観に調和した建物であることや、環境への配慮、コミュニティといった要素まで勘案して、住宅や居住地域を選別する市場も顕在化する。こういったニーズに対応して、良質なストックの活用や質の高い住宅供給が促されるほか、地域環境まで考慮した住宅づくりが促進され、地域の歴史や文化を物語る住宅や、それらと調和した街並みの形成が期待される。

3 実施上の留意点

●市場機能は万能ではない

市場は、評価が望まれるすべての価値について適切に動くとは限らない。建築時に環境に与えた影響や、地域の景観との調和など、現状では、認識や評価が不十分な価値も多くある。豊かな住環境という立場から重要となるすべての価値を、市場に評価させることは困難である。

したがって、良好な住環境を形成するためには、市場を活用して質の高い中古住宅の利用を促進する一方で、市場機能以外の方策も併用して、不良ストックの更新や、質の高い住宅を供給する仕組みづくりも重要である。

主な施策・事業

■ **中古住宅の適正価格基準の確立**
■ **住み替えコストの低減**
◎ 住宅選択コストの低減:中古住宅を好みに合わせてリフォームできる仕組みづくり
◎ 売買コストの低減:ライフステージに応じた住み替え優遇税制の実現

Ⅲ リーディングプロジェクト

今後は、住宅と居住者とのミスマッチを解消することで、ライフステージに合致した居住の実現を図る必要がある。しかし、土地所有意識や住み慣れた家に対する愛着など、自宅を売買することへの抵抗感も大きい。そこで、愛着ある住宅はあくまでも所有したまま貸し出し、住み慣れた地域から遠く離れることなく、自分のニーズに合った暮らしやすい住宅に転居できるリースシステムを構築する。

個人所有の中古住宅リースシステムの形成

自宅を賃貸するには、手続きや交渉など、複雑な手続きが必要となり、個人にとっては煩雑であるほか、トラブル時の対応などの不安もある。したがって、専門機関が、家主と入居者との間に入り、各種手続き代行や物件情報の提供などを行うことで、円滑なリースシステムをつくる。現在でもサブリース会社とよばれる賃貸住宅管理会社等が存在するが、必ずしも個人所有住宅のリースニーズに合致しているとはいえない。現状のサブリースでは、家主とサブリース会社との契約時点から、家主は、賃料が保証される一方で、契約期間は限定されており、契約期間終了後は、サブリース会社と入居者との契約は家主に引き継がれることが多い。しかし、個人のライフステージの変化に対応したリースのあり方を考えた場合に求められることは、家賃保証よりも賃貸者への窓口代行機能であったり、礼金や契約更新料は必要ない代わりに相続がおきた際には退居して欲しいなど、多様なニーズに合わせられるリース契約である。

　そこで、首都圏を対象として、東京都が設立を予定している「中古住宅流通促進フォーラム」や、各地域にあるまちづくり組織と連携した個人所有住宅のリース・コーディネート機関を設立する。リース・コーディネート機関は、住宅所有者個々のニーズに合わせた多様な賃貸契約が円滑に進むよう、法律など専門知識のサポートのほか、ライフプランに合わせた住み替えコンサルティング、契約相手方との交渉、賃貸中の住宅の維持管理などを支援する。まちづくり組織は、地域に密着した住み替え希望者や空き家情報などの情報収集・提供につとめる。

中古住宅への住み替えへの補助制度の実施

引越しの手間など、住み替えには相応のコストがかかる。また、個人住宅のリースシステムが確立するまでは、適切に維持・管理して居住してもらえるかといった不安感も伴う。そこで、短期的に住宅と居住者のミスマッチ解消を促進するためには、リースシステムの構築だけでなく助成が必要となる。住み替え意識の定着を図ることを目的として、都市再生地域である首都圏に限定し、早急に対策が必要である高齢化と少子化に係わる世帯の住み替えに対して、国の助成制度を設置する。

【移転費用支援】

買い換えや自宅のリースにより、中古住宅に住み替える場合、次の要件に当てはまれば、移転費用として一定金額を助成する。

- 高齢世帯のケア付き住宅や、コミュニティ・ハウス、現住居よりも管理しやすい住宅への移転
- 高齢世帯との近居・隣居
- 出産

【リース支援】

- 高齢者が自宅をリースして住み替えた場合、一定期間は入居者がなくても家賃相応分を国が支払う。
- 出産により、自宅をリースして、より広い住宅に賃貸で住み替えた場合、世帯人数が増えたことによる一定の面積拡大分に対する家賃を国が補助する。

中古住宅リフォーム支援

中古住宅をリフォームして住むことを定着させるため、中古住宅購入者は、リフォームの専門家から、無料でアドバイスを受けられる制度を設ける。さらに、リフォーム費について、補助や所得税控除などの助成策を設ける。

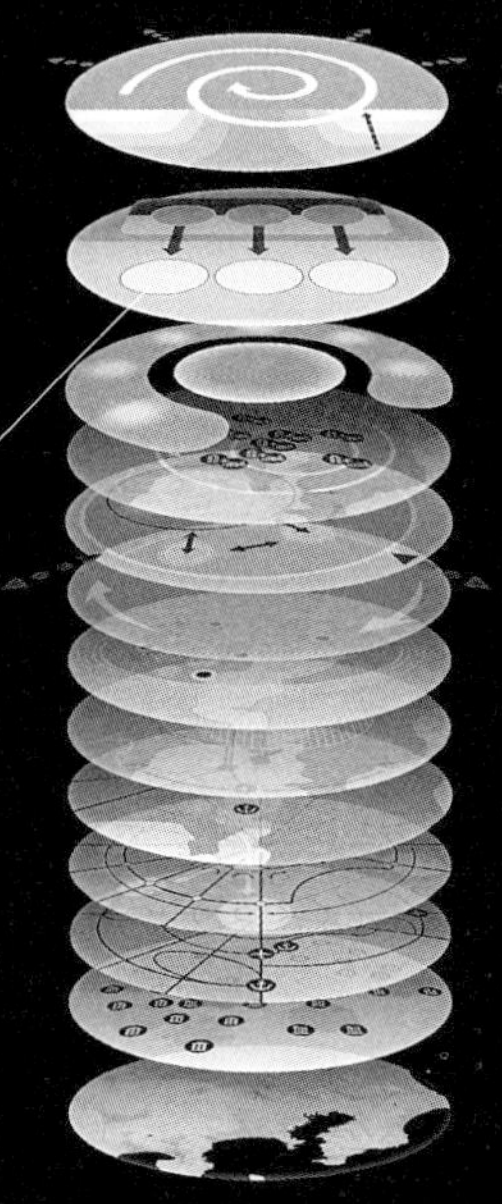

Layer-11　社会参加（男女共同参画）システム

都心就業支援保育推進プロジェクト

成熟社会への移行が進む中、従来型の性別役割分業は、様々な弊害を生んでいる。
特に、従来から女性が担ってきた育児は、女性の社会進出における障害となるばかりか、
生き方の選択を狭める要因ともなっている。
このため、育児を支援する施設・制度・人材等を含めた
総合的な保育支援システムを整備することで、
女性の社会進出を支える仕組みを構築することが喫緊の課題である。

宇於崎 美佐子

Project-17

I　都市の問題点と課題

女性の社会進出の障害となる育児

我が国の女性労働力率は、三〇歳代前半に急激に落ち込む「**M字カーブ**」を描き、特にその底の深さは、欧米諸国と比較して非常に顕著である。これは、多くの女性が、三〇歳代に出産・育児を契機として、離職・退職することで生じる現象であり、その背景には、女性はすべてに優先して育児をすべきという社会通念があること、また、育児期間中の女性の就業をサポートする社会システムが存在しないことがある。

近年、このM字の底が上昇傾向にある。しかし残念ながら、これは女性を支える社会システムが構築されたからではなく、女性が育児と就業という二重負担を覚悟することで、あるいは、女性が出産や育児を抑制・回避することで生じた結果であり、女性の犠牲と諦観の上に成立しているといえる。こうした状況は、女性が子どもを生む選択の機会を少なくさせるばかりか、女性の生き方の幅を狭め、人口の半数を占める女性の能力活用が不十分な社会を生むことにつながる。

これらより、女性の社会進出が活発な首都圏においては、女性の就業を支えること、特に育児支援を進めることが重要である。

育児を支えられない家庭・企業

工業化前の社会においては、常に女性は重要な労働力であった。そのなかで育児は、家族や地域社会によってしっかりと分担され、女性が働くことと育児の共存が可能であった。

しかし、工業化のなかで形成された役割分担は、やがて、「育児は女性が担うべきもの」あるいは「女性は内（家）」という固定的な性別**役割分業意識**を生み出した。この意識は、日本の工業化・都市化を進める上での理想的意識として深く根づき、結果として、女性の就業を前提としない社会システムがつくりあげられてきた。

現在、育児をサポートしてきた家庭や地域社会が、少子化や核家族化、地域コミュニティの崩壊などによって著しく育児機能を低下させている。この傾向はとりわけ、核家族化の進行と人口移動の激しい首都圏において顕著であり、家庭には母親以外に育児を担う人材が存在せず、また地域社会をみても、女性の育児を支える地域コミュニティが存在しない現状がある。さらに企業は、男性中心のコミュニティであるため、乳幼児をもつ女性を視野にいれた就労環境を全くといっていいほど備えていない。

育児が女性の分担として認識されている現代においては、育児が女性の就業の障害とならないような保育システムを構築することが女性の社会進出上、最大の課題となる。

質量ともに不十分な保育機能による待機児童の増加

全国の**保育所待機児童**は、三万三〇〇〇人（二〇〇〇年四月）と多い。施設の増設・入所数増員を図ってもなお、新たな保育需要に追いつかないのが現状である。また、この三万余人の待機児童数のうち、二歳以下の低年齢児童が三分の二を占めるなど、施設絶対数の不足とともに、低年齢児童の受け入れが問題となっている。

首都圏一都三県についてみると、全国の三分の一にあたる一万一〇〇〇人の待機児童がおり、そのうち低年齢児童の待機数は、八一〇〇人と実に多い。こうしてみると、首都圏では、保育所への入所困難さもさることながら、特に低年齢児童が入所できにくい状況が顕著である。

一年程度に制限された育児休業後に職場復帰しようとする女性にとって、低年齢児童受け入れ施設の有無は、まさに就業継続上の最大の障害であるといっても過言ではない。

こうした状況から、首都圏では施設絶対数の確保による待機児童の解消のみではなく、女性就業の実態や利用者のニーズに合致した保育サービスの多様性を確保することが必要である。

●精神的・肉体的負荷の増大により迫られる仕事・育児の選択

子育て期にあたる年齢層の住宅取得は、経済的条件から首都圏近郊に偏っていた。近年、住宅価格の低下等により改善されつつあるとはいえ、子育て期の年齢層の郊外居住は未だ一般的である。こうして近郊から通勤する子育て期の就労者は、朝居住地近くの保育所に子どもを預け、就労後、帰宅途中に子どもをピックアップするという生活スタイルを余儀なくされている。さらにこの負担は、性別役割分業意識によって、多くは母親が担うことになる。こうして女性は、仕事と育児の負荷を負うとともに、子どもの病気等緊急時に駆けつけることができないことによる心理的圧力を受け、また子どもの側からみると、早朝から夜半まで長時間保育所で生活することで、親子のふれあい時間が極端に短くなるなど、母親にも子どもにも心理的・肉体的負荷を与えることになる。こうして女性は「仕事か、育児か」の選択を迫られることになる。

このような就労女性の負担を軽減するためには、最寄り駅、あるいは従業地近くの利便性の高い駅前に保育施設を設けることが、母親である女性にも、また子どもにとっても負担を軽減する一つの解決策となる。しかし、従業地近くの保育施設を利用する場合には、通勤混雑の中を子ども連れで通勤することは困難であり、通勤混雑の解消も重要となる。

こうした状況から、保育需要者への対応は、施設整備にとどまらず、通勤混雑の緩和や混雑時間帯を避けて通勤できる企業制度、さらには通勤時間を軽減する都心居住を推進することも必要となる。

図35 ● 保育サービスの需要・待機児童数の推移

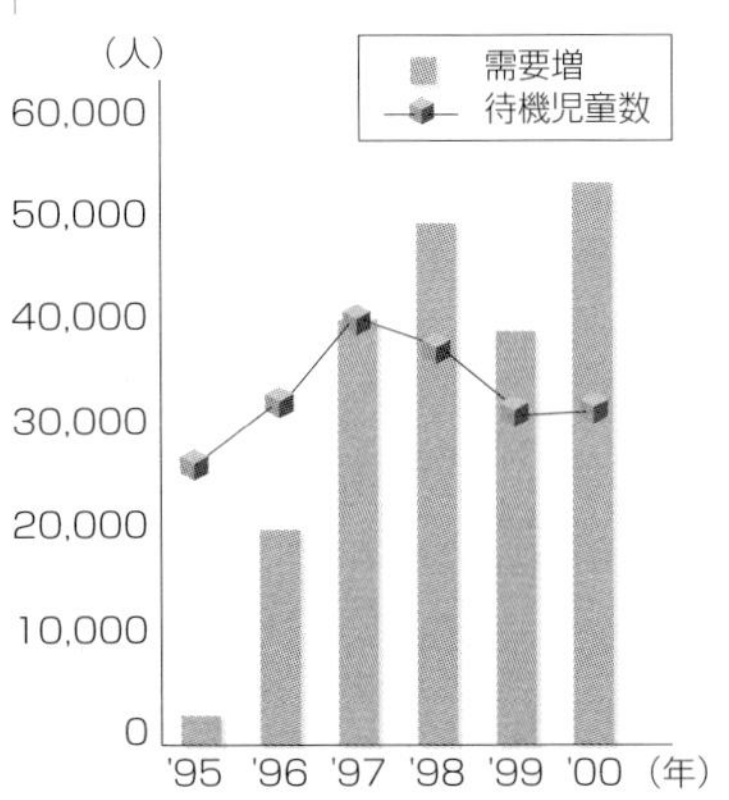

資料）厚生労働省児童家庭局資料より作成

図36 ● 女性の離職のうち結婚・出産・育児理由の割合

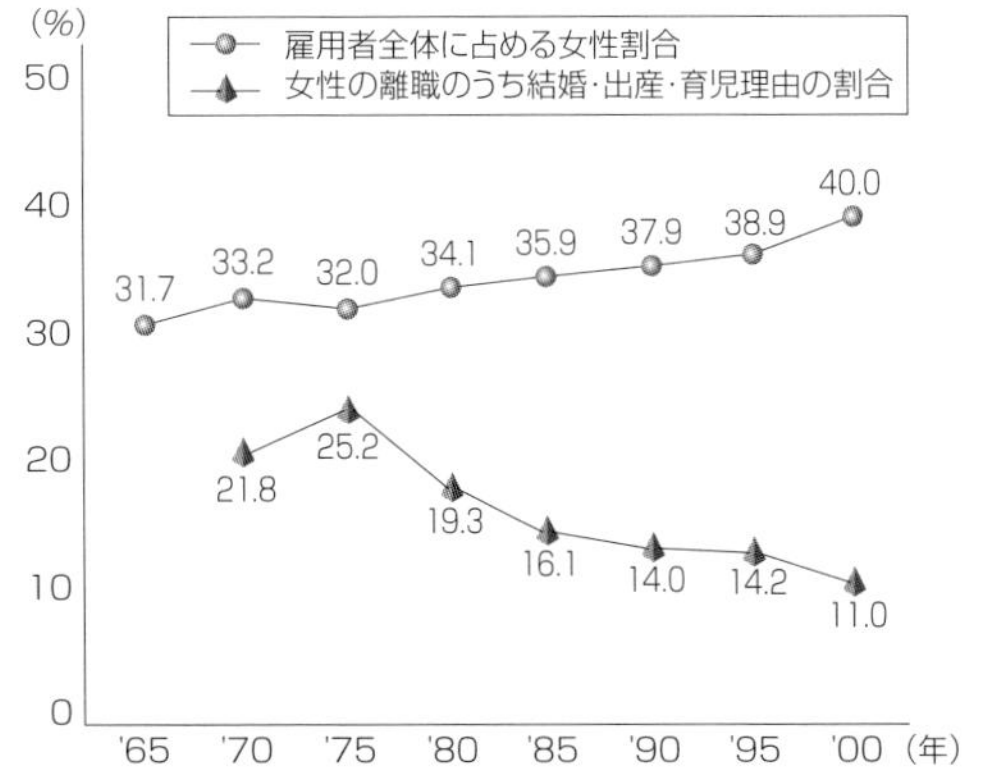

資料）総務省「労働力調査」、厚生労働省「雇用動向調査」より作成
注）90年調査以後は結婚と出産・育児を別にしているがここでは合計して掲載している

II プロジェクト

1 プロジェクトのあらまし

●地域資源の活用による保育体制の整備

【既存ストックの有効活用】

文部科学省は、一九九三年より公立小中学校余裕教室活用のための指針を発表し、厚生労働省との連携によって、余裕教室を活用した保育所整備を進めることとしている。また、中小企業庁では、商店街の空き店舗の活用による保育施設誘致を進めているほか、国土交通省でも容積率緩和や公団住宅への併設による保育所等の設置促進を進めているところである。しかし、余暇教室については、小学校の多目的教室などとして利用されており転用が困難であること、また、空き店舗の活用や併設などによる新規設置については、緊急かつ迅速な対応ができないことなど、現状の政策はいずれも欠点がある。

一方、都心部において保育施設として活用が期待されるオフィスやマンションをみると、すでに空室率が上昇傾向にあり、さらに近い将来相当数の空室が発生することが懸念されていることから、これらを有効に活用することが現実的な対応である。

そこで本プロジェクトは、既存ストックの有効活用という視点から、これら都心部の利便性の高い地域に立地しているオフィスやマンションを公共が借り上げ、整備し、民間のサービス組織に無料でもしくは低廉に貸与することで、公設民営方式による保育サービス拠点の増設を促進する。

【保育支援に係る人材の活用】

すでに、厚生労働省では、市町村と社会福祉法人に限定していた保育所の設置主体について制限を撤廃しており、ＮＰＯ、株式会社、学校法人なども保育所を設置・運営することが可能となっている。

そこで本プロジェクトでは、保育サービス提供のためのＮＰＯの組成を支援することで、保育サービスの提供主体を確保していくとともに、保育サービス提供者として、都心部に居住し、かつ育児の経験のある高齢者や女性等を保育補助者として育成していく。

●保育サービスの多様性を確保

女性就業が、職域・職種とも拡大・多様化するなか、従来どおりの保育サービスでは働く女性を支援することができなくなっている。そこで本プロジェクトでは、低年齢児童の受け入れ、保育時間の拡充、産休・育児休業後の間中保育の拡大、夜間・一時預かり保育、病中・病後児童の預かりなど女性の就業状況を考慮した多様なサービス展開を行う。

2 期待される効果と影響

●女性の能力発揮機会の拡大

現実的には、働く女性にとって、出産・育児を行うことは、一時的離職や休職が避けられないなどのため、ハンディとなる。保育サービスが充実し、出産・育児が就労上の障害とならない環境が整備されることで、出産・育児に伴う女性の離職を抑制し、就業継続が実現する。これによって、個人の職業能力向上の機会が拡大し、女性も男性と等しく、個人の有する能力を発揮する機会が与えられる。さらに、保育サービスの充実による育児の多面的支援を得られることによって、生むことへの諦観や生み・育てることへの不安が軽減される。

また、企業にとっては、就業継続による企業活動の効率化が図られ、また男女を問わない多様な人材の活用による企業の活性化も期待できる。

● 既存ストックの活用

二〇〇〇年代初頭には、都心部の大型オフィスビルの完成ラッシュによって、オフィス供給量はピークを迎える。これによって、空室率が上昇し、低廉な賃貸オフィス物件が発生することになる。これら都心部に発生する低廉賃貸オフィスを活用し、保育サービス拠点を整備することは、資源の有効活用と都市の活力創出につながる。

また、賃貸マンションについても、地価や住戸販売価格の下落によって、空き住戸が増加しており、これを活用することは資源活用上、また防犯上も効果がある。

図37 ● 既存ストックの活用

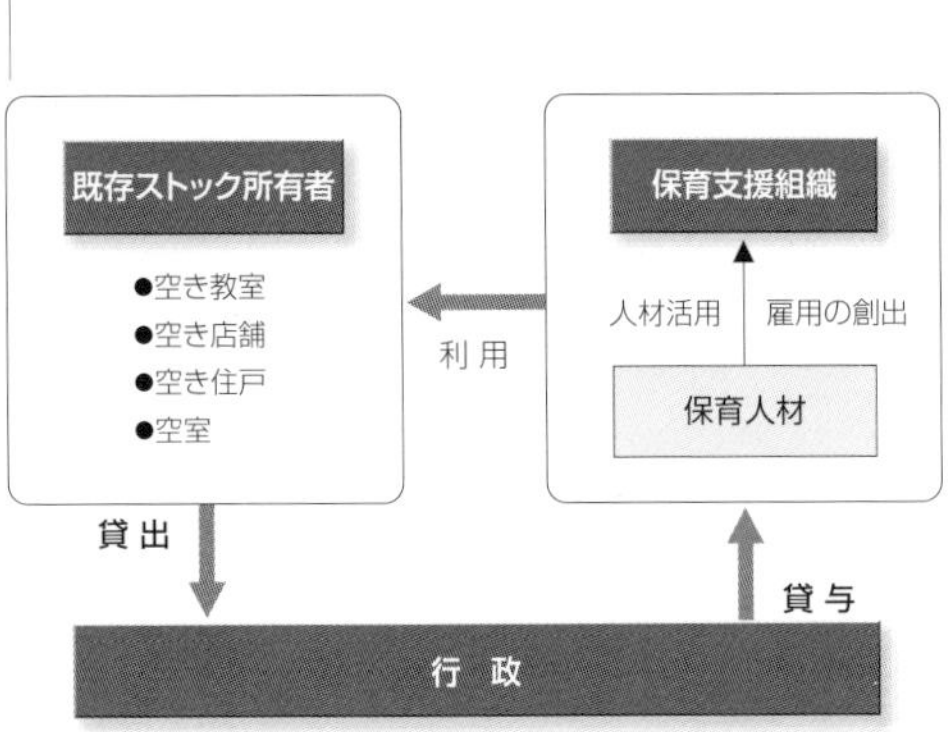

● 無職者など人材の活用・雇用の創出

現在、都心部では高層・大型マンションの建設が進んでいるが、その購入者は、三〇歳代と高齢者層が中心である。購入者の中には、高齢者や就業を希望する無職女性なども多いと想定されることから、これら人材を、保育補助者として活用することで、雇用の場を創出するとともに、高齢者と子どもとの交流や、労働を通しての生きがいづくりにも貢献することが期待できる。

3 実施上の留意点

● 保育施設の環境・サービスの適正化

保育サービス施設が多数整備されることは、利用者にとって利便性が高まることになるが、一方では、適正な保育が行われているかどうかなどの不安もあり、サービスの適正化ついて、管理監督を行う必要がある。

● 児童の安全性確保

多数の人が保育に係わり、多世代が交流

主な施策・事業

◎ オフィスおよびマンションの空室の借り上げ・整備促進による駅前保育施設の設置誘導
◎ 既存施設活用による分園・保育ルームの整備促進
◎ 民間および保育NPO組織への施設無料貸与
◎ PFIや民間の参入促進
◎ 既存施設活用による保育施設賃貸料免除制度の創設
◎ 保育NPO法人設立促進および教育・指導強化
◎ 子育て経験者の保育補助者登録制度の創設および保育補助者育成事業の創設
◎ 病院との提携、看護婦経験者の臨時雇用などによる病中・病後児童保育の促進
◎ 延長保育、夜間保育、一時保育など保育サービスの内容充実
◎ 二次保育など送迎サービスの充実
◎ 産休・育児休業後の期中保育の受け入れおよび低年齢児童受け入れ枠の拡大
◎ 通勤電車への子ども・保護者車両設置

する中で保育が行われることは、子どもの成長上の利点となる。しかし一方で、保育人材の質が、直接子どもに影響を与えることから、人材育成については十分な配慮が必要となる。現在、保育補助者については特別な研修を実施していないが、補助者としての基礎的研修受講者の後の登録制度などを設けることが必要である。

図38 ● オフィス供給と空席率

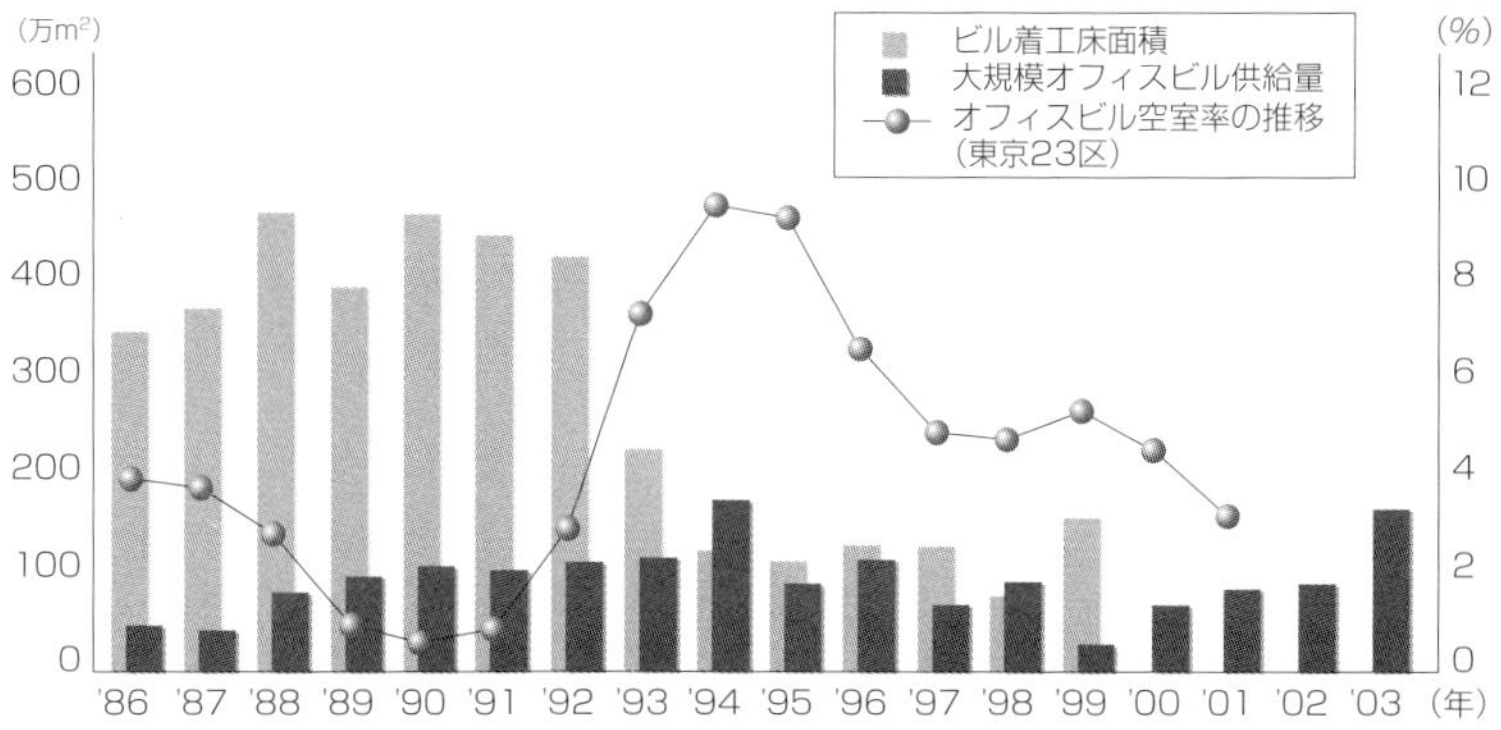

資料）森ビル（株）「東京23区の大規模オフィスビル供給量調査」（2000年）、三井不動産（株）「不動産関係統計集第23集」より作成

III リーディングプロジェクト

既存施設活用による駅前保育施設の整備

現在、首都圏のオフィスは供給過剰気味であることから、駅前オフィスを借り上げ、駅前保育施設として活用する。

千代田区、中央区、港区は、昼間人口比率が特に高く、就業に伴う流入が非常に多い。また、これら三区は、都心居住に伴う高齢者や三〇歳代の転入人口が多く、さらに現在、大規模開発によるオフィスビル建設が進み、あわせてオフィスビルの空室率も高い。そこで、これら三区を対象として、行政がオフィスの空室を借り上げ、駅前保育施設として再整備した上で、保育サービス提供主体に無料貸与することで駅前保育施設の量的確保を図る。

保育補助者研修および認定制度

都心三区への人口流入に伴い、育児経験のある高齢者や女性など保育サービス支援のための人材が多く居住することから、これら人材を保育補助者として活用する。

保育に係る基本的技能を習得させた上で、行政機関が認定保育補助者として登録する。その上で、保育サービス提供主体が、駅前保育施設における保育補助者として雇用し、保育サービスを提供する。

保育補助者の育成による保育ルームの整備促進

駅前保育とともに、多様な保育ニーズに対応する施設として小規模な保育ルームを整備する。現在、高齢者のみの世帯には、住宅内に余室があったり、賃貸マンションには空き住戸も多い。これらを小規模保育所（保育ルーム）として認定する。ここでの保育サービス提供者には、登録している認定保育補助者を活用し、既存施設では不十分な夜間保育や二次保育サービスなど多様性を確保することで、現在の保育ニーズを補完する。なお、保育ルームの認定においては評価基準を設けること、整備促進にあたっては、税制優遇などを導入することとする。

Layer-12　都市文化

江戸テインメントの形成

かつて東京は、世界都市といわれた。
世界都市とは、国際社会に支配的影響力を持つと同時に、
一国の歴史文化を代表する都市である。
残念ながら現在の東京は、そのどちらも持ち合わせていない。
今後は、江戸テインメント地区を形成していくことで、
東京を舞台に活動するあらゆる立場の人々が、
固有の歴史・文化と対話する機会を得て、
化政文化にも匹敵する都市文化を創りだしていく。

藤本 祐司＋丸田　一

Project-18

I 都市の問題点と課題

世界都市機能の低下

かつて東京は、世界都市といわれた。世界都市とは、国際社会において政治的、経済的に支配的な影響力をもつ都市である。また世界都市は、文化的な影響も大きく、一国の歴史文化を代表すると同時に、国際的な文化形成に寄与する魅力ある都市でもある。

一九八〇年代から九〇年代前半にかけて、東京は円高を背景にアジアの金融センターとなり、多国籍企業などが多数立地するなど世界都市と位置づけられていた。しかし、現在ではその国際的な金融センター機能が大幅に低下し、経済的な求心性を失ってしまっている。また、東京は、文化的な影響力もまだまだ小さく、日本を代表する歴史都市でありながらも歴史を感じられないなど魅力に欠けている。現在の東京は、世界都市とはいえない状況にある。

国際観光の低迷

国や都市の魅力を測る指標として、国際観光の**インバウンド**（外国人の自国訪問）がある。国際観光のアウトバウンド（自国民の外国訪問）が国の経済力に左右される一方、インバウンドはその国の魅力に影響を受ける。また、国を訪問するといっても実際には都市を訪問することから、インバウンドはまさに都市の魅力を表すといってよい。我が国の場合、外国人訪問客の約六割が東京を訪れている。

それでは、我が国のインバウンドをみていこう。二〇〇〇年における我が国の外国人訪問客数は約四五〇万人であり、世界第三六位と低迷している。これは、世界中で海外に出かける観光客全体の〇・七%、一〇〇〇人に七人の割合にすぎない。観光客一〇〇〇人に対して一一〇人のフランス、七八人のスペイン、五四人のイタリアなど、ヨーロッパ諸国が陸続きであり、入出国も容易であるなどの条件の差を勘案しても、我が国の、そして東京の国際観光の現状は低調であることがわかる。

また、我が国の国際観光収入は三四億ドルであり、世界第三一位と低迷している。これは、第一位の米国のわずか二〇分の一である。支出では、世界第三位の三三〇億ドルと米国の約三分の一であり、国際観光面の収支は大幅の赤字となっている。

こうした国際観光の現状は、八〇年代後半から顕著になった円高が原因の一つであるが、外国人からみた我が国、そして東京の魅力不足が本質的な原因である。

都市の魅力の欠如

しかし、外国人が感じる魅力といっても、世界には数多くの国や地域があり、一概に魅力を語ることは難しい。その中で共通していえるのは、訪れた国の独自の歩みと、その中で培われた広い意味での文化を肌で感じることができること、そして自国と比較することで歴史や文化の違いを認めることができるという、強い影響力をもっていることが、その都市の魅力につながるということである。

我が国は、ユーラシア大陸東端に位置し、古くは縄文文化、平安文化、鎌倉文化などの独自文化を築きあげ、近くは江戸時代に産業革命に匹敵する**勤勉革命**を成し遂げた輝かしい歴史をもつ。

そして、江戸以来の国の中枢であり続けた東京は、我が国を代表する歴史都市である。東京が歴史都市として魅力を回復するには、まず、都市自らが堆積してきた歴史や文化の再認識、再評価が必要であろう。そうした歴史・文化の蓄積の上に、新しい都市文化を構築していくことが、今後の東京に課せられた課題である。

図39 ● 国際観光到着数の上位国(上位40位)

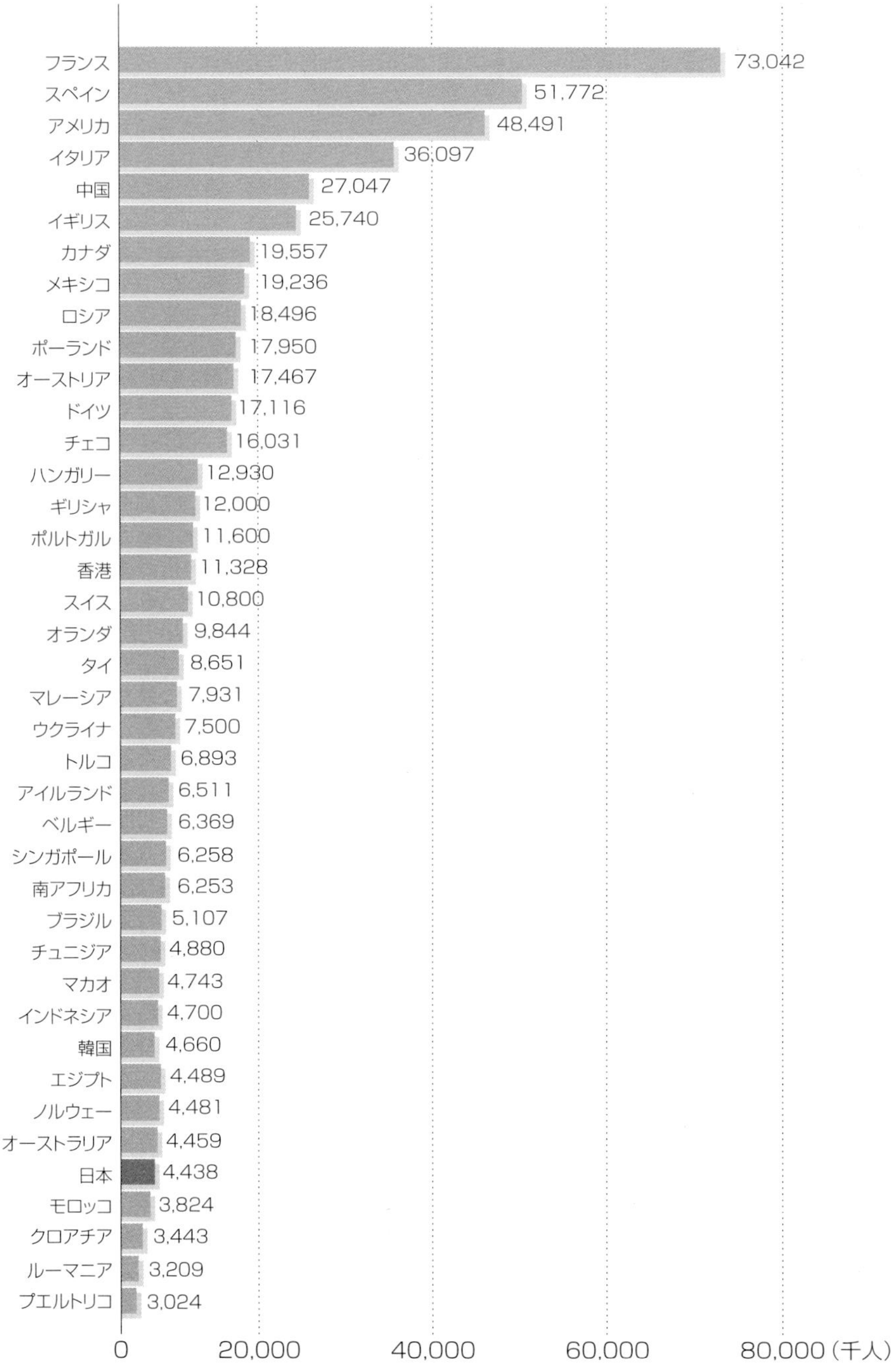

資料) 国際観光振興会「コンベンション統計2000」より作成

Ⅱ プロジェクト

1 プロジェクトのあらまし

江戸テインメント地区の形成

東京には、同じく歴史都市であるパリやロンドンなどと比べ歴史が感じられないといわれる。しかし、部分的には歴史の片鱗を確認することができる。

都市の骨格構造がその一つである。江戸城を起点とする「の」の字型の構造は現在も生きている。また、歴史を感じさせる地域も数多く残っている。

例えば、上野公園周辺には、東京大学や東京芸術大学、さらには美術館・博物館、図書館などが立地し、明治以来の我が国の学問と芸術の歩みを認めることができる。さらに寛永寺を中心とした寺町や周辺の商店街からは庶民文化を感じることもできる。

また、五街道の起点である日本橋は、江戸時代の流通・商業活動の拠点として栄え、明治時代になると金融・商品取引の中心地「金座」となるなど、我が国の物流・流通・産業の中枢であり続けた。また、参勤交代などあらゆる人々の交流を通じて、江戸と地方の文化が流出入するゲートとして、新しい文化を形成していった。

しかし、現在、日本橋の上には高速道が覆いかぶさり、日本橋を訪れても、歴史や文化を感じ取ることはできない。日本橋をはじめとした歴史的地区を再生することは、来訪する外国人にとって、また日本人が自国の歴史・文化を再認識する上で極めて重要である。そして、こうした地区を、ここでは東京の顔として「江戸テインメント地区」と位置づけるとともに、当該地区における歴史・文化との対話を他地域にも拡大していく。

歴史性を重視した都市景観の形成

観光客を誘致するポイントの一つは、都市景観を整備することにある。東京オリンピック以降、急速に進んだ都市開発によって高層建築街が誕生し、東京にも独自の景観が備わってきたといわれる。しかし、そこからは東京独自の歴史や文化を探ることは難しい。

江戸テインメント地区では、第一に歴史的街並みの保存・復元を進めるとともに、地区の歴史的文脈を重視した街並みを官民協力のもとに形成していく。すなわち、江戸テインメント地区では、歴史性を重視した景観形成を通じて、地区の歴史と現在の活動とが調和した街、歴史と現在が対話する街を形成し、東京の顔として地区の魅力と個性を向上させていく。

動態保存の積極的な活用

現在、明治以降の近代建造物を活用しながら保存する「動態保存」の動きが生まれている。東京都の「重要文化財特別型特定街区制度」第一号となった日本橋の昭和初期建築物「三井本館」や、フランク・ロイド・ライトの設計した池袋の自由学園「明日館」などが代表的である。また、東京駅丸の内駅舎は、二〇一〇年を目途にJR東日本によって一九一四年当時の姿に復元される計画である。

江戸テインメント地区では、歴史的街並み形成に動態保存を積極的に活用していく。動態保存の意義、つまり単に歴史的建造物を保存・鑑賞するのではなく、活用しながら保存する意義は、日常的な活動を通じて人々が常に歴史の息吹を感じることができることにある。まさに生きた歴史の教科書である。

魅力ある交通施設・サービスの整備

東京には、高度経済成長期以降、数多くのエンターテインメント地区が誕生した。中でも、東京臨海副都心（お台場地区）と汐留地区は、新交通「ゆりかもめ」で結ばれ、車上から望むレインボーブリッジなどの景観は観光の目的にもなり、単なる移動手段を超えている。これは、交通機関の観光客体化（交通機関に乗ること自体を観光目的とすること）といわれ、新しい観光資源として注目されている。

江戸テインメント地区においても、こうした魅力的な公共交通機関を導入し、地区間を連結し、江戸テインメント地区への移動利便性と話題性を向上させる。また、これら公共交通機関には、外国人だけでなく、高齢者・障害者にも配慮したユニーバーサルデザインを積極的に採用する。

また、「**Project-13**グローバル・コンベンション・シティの形成」においても記述したように、ニューヨークやロンドンといった世界各国・各地から訪問する人が多く集まる集客性の高い都市では、都心内交通機関が二四時間運行されている。東京においても、江戸テインメント地区での文化・芸能の観賞後、時間を気にせずに、都市を楽しむためには交通機関の二四時間運行を推進することが必要である。

2 期待される効果と影響

東京の顔づくり

江戸テインメント地区は、東京に新たな個性を生み出し、東京を象徴する「東京の顔」ともいうべき地域となる。江戸テインメント地区は、東京を訪問する外国人に対して、今以上に東京の魅力を創り出すとともに、我が国全体としても、常に自国の歴史や文化と対話を心がける歴史国家としての姿勢を象徴する存在となる。さらに、東京の住民にとっては、日常的に歴史とふれあう機会を提供する場となる。

国際観光振興

江戸テインメント地区の形成によって、第一に国際観光振興が期待できる。東京を訪れる外国人が、東京、そして我が国の歴史・文化を端的に体験できる江戸テインメント地区の形成によって、外国人が感じる東京の魅力が向上する。それによって低迷するインバウンドが拡大するとともに、世界中の多様な国や地域との交流が生まれることが期待される。

「都市の様式」「東京の型」の誕生

我が国は明治以来、欧米を範として国づくりを進めてきたことから、自国の歴史や文化に立脚した政策立案やライフスタイルの確立に関心を示してこなかった。それを象徴的に表しているのが東京の都市景観である。世界中の歴史都市にみられる歴史・文化と対話する姿勢が、現在の東京にはみられない。

こうした中で、江戸テインメント地区の形成は、東京がもつ四〇〇年以上の歴史や特徴的な文化と対話する機会を生み出し、歴史・文化と対話するという姿勢を内外に示すことになる。

そこからは、新しい都市文化の誕生が期待される。都市文化は、都市住民のみならず東京を舞台に活動するあらゆる立場の人々が、長い時間をかけて双発的に創り出すものである。そうした「新東京人」に対して、江戸テインメント地区は、歴史・文化と対話する姿勢を要求する。そして、それが新東京人にとってのアイデンティティやプライドの形成につながり、江戸の化政文化にも匹敵する新・東京文化を生み出すことが期待される。

主な施策・事業

■ **江戸テインメント地区の設定**

例）日本橋地区、浅草・上野地区　など

■ **江戸テインメント地区における歴史的街並み形成と新文化創造**

◎ 歴史的建造物の動態保存

◎ 独自性ある東京文化の素材の発掘と保存

■ **外国人訪問客に対するサービスの向上**

◎ 外国語標記、外国人にわかりやすい情報・サービスの提供

◎ 外貨両替所の設置

◎ 江戸テインメント地区内における特定サービスの推進（地区内のホテル、商業施設、美術館・博物館・映画館などの文化施設、交通機関が連携した「ウェルカムカード」開発　など）

■ **魅力的な公共交通機関の整備**

◎ 都心部における交通機関の24時間運行

◎ ユニバーサルデザインの採用

◎ 観光客体化（交通機関自体の観光資源化）

Ⅲ リーディングプロジェクト

●路面電車の復活

金座（日本銀行立地場所）～三井本館～日本橋～京橋～銀座～汐留間に江戸テインメント地区の演出軸となる路面電車を復活する。また、建造物更新時の補助制度などを整備することで、金座から銀座にかけての歴史的街並みを形成する。

●高速都心環状線の大深度地下化

現在、日本橋の上には高速都心環状線が覆いかぶさり、かつて国民の精神的なよりどころであった富士山や上野の高台を望むことができた江戸の面影はみられない。本プロジェクトでは、高速都心環状線の大深度地下化を実施することで、日本橋上の空と眺望を復活させ、江戸日本橋を再生する。

日本橋地区の再生（日本橋ルネッサンス）

近世以来の日本史の象徴である日本橋の再生を核としながら、日本橋地区において、江戸時代～昭和初期（戦前）の面影を復活した街づくりを進める。現在の金融センターや商業集積を活かしながら、官民協力のもと歴史と対話する新しいタイプの都市地区を実践する。

●江戸・東京情緒を味わう空間の形成

江戸～明治～大正～現代をつなぐ歴史の架け橋として、太鼓橋の両端に、江戸の装いの茶店や明治時代の洋館風の喫茶店、さらに現代風のカフェなどを連ねて整備する。

また、日本橋川に遊覧船などを運航し、江戸情緒を味わう演出として、異なる目線により日本橋を楽しむ仕掛けを用意する。

●日本橋（太鼓橋）の再現

現在の日本橋は、平滑なコンクリート製の車道である。そこで、車道の横に新たに歩行者用の太鼓橋を復元・整備する。そして、日本橋周辺地域の散策の起点とする。

図40 ● 日本橋高速都心環状線地下化イメージ図：断面

用語解説

（あ）

■アウトカム指標
施策・事業を実施することによって発生した効果・成果（アウトカム）を表す指標。類似した指標にアウトプット指標があるが、これは事業を実施することによって直接発生した成果物・活動量（アウトプット）を表すもの。これまでの都市づくりでは、供給者の立場に立ったアウトプット指標が使われることが多かったが、今後は利用者の立場に立ったアウトカム指標を用いることが必要といわれる。

（い）

■イーサネット（Ethernet）と広域LAN
イーサネットは、一九八三年にIEEE（米国電気電子技術者協会）によって定められた通信方式の規格のことで、LANの標準技術として普及している。これまで、離れた拠点間を結ぶWANは、フレームリレーやATMなどの技術で構築され、各拠点には専門的な管理が要求されかつ高額なルータが不可欠であった。イーサネットの技術で構築される広域LANではルータ設置が不要であり、ネットワーク管理が容易となる。またイーサネットは、これまで標準仕様が書き換えられるごとに速度が一〇倍に向上しており、二〇〇〇年六月には一〇Gbps（10,000Mbps）仕様が標準化される予定である。

■一次取得
その世帯にとって始めての住宅を購入すること。購入する住宅は新築、中古、戸建て住宅、マンションなどを問わない。一次取得層は世帯主年齢三〇～四〇代の世帯が中心である。

■インナーシティ
都心部もしくは都心周辺地域の老朽市街地の総称。若年層の流出による人口減少や高齢化の進展、住宅や都市施設の老朽化、住宅や町工場などの土地利用の混在による住環境の悪化をはじめとした数多くの問題を抱えている。阪神・淡路大震災では、インナーシティで延焼火災や住宅倒壊などの被害が多発し、多くの被災者を生み出すとともに、低所得の高齢世帯が多いことから住宅復興が進まないといった問題が発生した。

■インバウンド
観光分野において、外国人が自国を訪れること。その国や都市が持つ魅力の情報が素早く伝達されることや、世界中に手軽に行くことのできる環境が整備されることは、インバウンドに大きな影響を与える。世界観光機関によると、二〇二〇年の国際観光訪問者数は一九九五年の約三倍の一六億人に達すると推定されている。

（え）

■延焼被害と広域避難場所
同時多発火災が発生した場合、従来の消防力では対応が難しく、木造密集地域を中心に火事が広がり被害が拡大する。例えば、関東大震災では、発生時間が昼時であったこともあり、東京市において三四キロ平方メートルが消失する被害となった。また、本所の被服廠跡地では多数の避難者が集まったため、四万人以上が熱風で焼死している。こうした経験から、東京都では白髭東地区防災拠点をはじめとした広域避難場所や避難道路の整備を進めている。

■M字型曲線（M字カーブ）
女性労働力人口比率を年齢階級別グラフで表すと、三〇歳代を谷として二〇歳代前半と四〇歳代後半を山とするM字型を示す。これをM字型曲線という。日本の場合、特にM字型曲線は顕著であり、また男性労働力率が逆U字カーブを描いていることから、育児と就業とがトレードオフの関係にあることがわかる。

（か）

■瑕疵保証制度
製造品に欠陥（瑕疵：かし）があった場合、その製造者に無償で修理することを義務づけたもの。新築住宅の場合、二〇〇〇年より基本構造部分については、十年間の瑕疵保証が義務づけられた。一方、中古住宅は、（財）住宅保証機構が「中古住宅保証促進基金」を設立されており、売り主の申請により機構が検査を行った上で基本構造部分について原則五年間の保証を行い、補修に要する費用の大部分を機構が保証金として負担している。

■川勝平太
国際日本文化研究センター教授・D.Phil（オックスフォード大学）。一九四八年、京都生まれ。国土審議会専門委員。二一世紀の日本文明にふさわしい長期ビジョンとして、美しい国土を持つ世界に誇りうる日本列島「庭園の島（ガーデン・アイランズ）」を提唱。

■環境共生住宅

地球温暖化防止などの地球環境保全を促進する観点から、地域の特性に応じ、エネルギー・資源・廃棄物などの面で適切な配慮がなされるとともに、周辺環境と調和し、健康で快適に生活できるよう工夫された住宅及び住環境のこと。

■環状道路

都市の周辺部を環状に取りまく道路のこと。都心部に関係のない通過交通を迂回させ、都心部の通過車両の減少を図ることにより、交通渋滞の緩和や所要時間の短縮効果が期待される。パリ、ロンドン、ベルリンなど海外の主要都市では、環状道路網がおおむね完成しているのに対し、わが国の都市では整備が遅れており、首都圏における環状道路網の整備率は約二〇％にとどまっている。

■カーシェアリング

一定台数の自動車を複数の利用者が共同利用すること。交通渋滞の緩和、大気汚染の抑制といった効果があるほか、利用者にとっても自動車購入費や、税、保険費用、駐車場代や駐車スペースに要するコストを節減できるメリットがある。欧州諸国では、一九八〇年代以降、民間主導で取り組みが本格化し、世界最大のカーシェアリング組織であるスイスの「モビリティ」には約四万三〇〇〇人の会員が登録している。我が国においても、東京都北区などで実証実験が行われているが、ヨーロッパと比較してマイカーへの執着が強いことなどが課題とされている。

■ガス化溶融炉

流動床式の熱分解ガス化炉において、都市ごみを約五〇〇～六〇〇度の低温で部分燃焼しながら、ごみの熱分解・ガス化を行う。次に、熱分解ガスを旋回流式の燃焼溶融炉に送り、一二〇〇度以上の高温で燃焼させるとともに、灰分を溶融してスラグ化する。

■合築

主な建築主が、国、地方公共団体等の公共事業体である場合で、一つの建物の中に、異なる公共主体の行政施設が同居したり、行政施設と民間施設が同居すること。行政施設と同居する民間施設の所有・利用に対しては、国有財産法や地方自治法、その他の通達などにより、借地借家法の規定が適用されないなど一定の制限が課せられる。

（き）

■京都議定書

一九九七年に京都で開催された「気候変動枠組条約第三回締約国会議」において採択された議定書。わが国は二〇一二年までに二酸化炭素などの温室効果ガス排出量を一九九〇年比で六％削減することを世界に約束した。運輸部門の排出量は、二〇一〇年に一九九〇年比四〇％増と見込まれるところを、一七％増に抑制することが目標となっている。運輸部門のうち、物流の占める比率は約三割であるが、このうち約九五％はトラック輸送によるものであり、トラックが二酸化炭素の大きな排出源となっている。

■勤勉革命

一八～一九世紀にかけて、日本で起こった生産革命のこと。ヨーロッパで起こった産業革命と同時期に起こり、これにより日本とヨーロッパは、ともにユーラシア文明の経済的依存体制から脱却した、という近年注目されている見方である。産業革命が資本集約型であるのに対して、勤勉革命は労働集約型であることに特徴がある。

（こ）

■コールドチェーン

生産地から消費地に至る輸送・保管などの各段階において、生鮮食料品や冷蔵・冷凍商品などを低温のまま継ぎ目なく温度管理を行う流通方式のこと。生鮮食料品の輸送では、保冷車や冷凍車など輸送手段での対応は進んでいるものの、卸売市場など物流施設における温度管理については、必ずしも進んでいるとはいえない状況にある。

■混雑率

混雑率は概ね以下のように規定されている。混雑率一五〇％／肩が触れ合う程度で新聞が楽に読めるような状態。混雑率一八〇％／体がふれあうが、新聞は読める状態。混雑率二〇〇％／体が触れ合い相当圧迫感があるが、週刊誌程度は何とか読める状態。混雑率二五〇％／電車がゆれるたびに体が斜めになり身動きができず、手も足も動かせない状態。

■国際会議
国際団体連合（UAI）では、国際会議を「国際団体本部ならびに国際団体主部が主催した会議で、かつ①参加者三〇〇名以上、②参加者の四〇％以上が外国人、③参加国数五ヵ国以上、④会期三日以上の実績があった会議」と定義している。一方、我が国の国際観光振興会（JNTO）では、「参加者二〇名以上、②かつ参加国数が日本を含む二ヵ国以上を占めた国際会議、または③かつ外国人参加者数が一〇名以上を占めた国内会議」と定義している。

■コミュニティ駅
地域住民の利便に配慮した地域の賑わい拠点となる鉄道駅のこと。具体的には、鉄道事業者が鉄道駅において、各サービス事業者と連携して行う託児所や家事サービスなどの生活サービスや、行政窓口サービスなどを提供する。

■コンベンション（Convention）
コンベンションの形態は以下の五つに分類できる。
＊大会（Congress, Conference）
＊見本市・展示会（Trade Show, Messe, Exhibition）
＊イベント（Event, Festival）
＊セミナー・研修会（Seminar, Symposium, Forum）
＊企業の会議（Corprate Meeting, Incentive, Conference）

（し）

■首都圏第三空港
首都圏における航空需要の増大に対応するため、成田・羽田両空港に次ぐ首都圏第三空港の建設について検討が進められてきた。国土交通省では、一五の候補地について比較検討を行った結果、羽田空港の再拡張案を優先して推進することを決定した。しかし、首都圏の航空需要が将来も旺盛な伸びを示すと考えられるため、羽田再拡張後の新たな首都圏第三空港について、当面、八候補地についてさらに詳細な検討を行い、候補地の絞り込みを行うなど、引き続き検討していくとしている。

■首都圏の既成市街地における工業等の制限に関する法律
首都圏への産業及び人口の過度の集中を防止するとともに、都市環境の整備及び改善を図ることを目的に制定された法律。工業等制限区域に指定された地域では、一定規模以上の工場と大学などの新増設が制限される。「総合規制改革会議」の第一次答申（二〇〇一年一二月）において、本法律は廃止を含めて抜本的に見直すべきであるとされた。

■上下分離
鉄道の整備・運営において、線路施設を整備する主体と鉄道事業を運営する主体とを分離する方式。民間鉄道事業者に対する既存の支援方策を見直すだけでは鉄道整備が困難な場合に、上下分離方式を採用することで、国などの補助を受けて公的主体が施設を整備し、民間事業者などのノウハウを活用して効率的に運営することが可能になるため。例えば、神戸市や民間事業者などが出資する神戸高速鉄道は、整備主体として施設を保有し、阪急、阪神などの民間事業者が運営主体として列車を運行している。

（せ）

■性別役割分業
生物学的な性別に対して、文化的・社会的につくられた性別をジェンダーという。男女共同参画社会において問題となるのは、このジェンダーよって区分された「男・女」の集団に属する行動様式や態度（性役割）への期待が、家庭をはじめ、地域社会、職場などあらゆる分野に及んでいることである。結果として「男は外（仕事）、女は内（家事・育児）」などに代表される固定化した性別役割分業を生むことになる。

■線路容量
ある路線において、運行に支障のない範囲で単位時間あたりどの程度の列車本数が運行できるか（最大輸送力）を示すもの。駅などの行き違い・追い越し施設の間隔、列車速度、信号閉そく方式、駅などの停車時間などによって左右される。信号閉そく方式の改良や複々線化などにより、増加が可能であるが、首都圏の多くの路線では、ラッシュ時に、線路容量の限界に近いダイヤ設定がなされている。

（そ）

■総合規制改革会議
新たな規制改革推進三か年計画の実施状況を監視するとともに、経済社会の構造改革の視点も含めて幅広く規制改革を推進していくために設置された審議機関。二〇〇一年四月一日、内閣府設置法

第三七条第二項に基づき、内閣府に設置された。

（た）

■ダークファイバ（dark fiber）

敷設されていながら稼動していない光ファイバのこと。ダーク（＝暗い）とは、未使用で光が通っていない状態を表わしている。光ファイバは数十本から数百本単位で敷設されるため、実際の運用では必要な分だけを稼動させ、残りはダークファイバとして放置されている。二〇〇〇年末にはNTTがダークファイバの解放に踏み切ったほか、自治体が所有する下水道光ファイバや、一部の電力会社などでもダークファイバの開放が開始されている。こうしたことから、芯線貸しされる光ファイバのことをダークファイバと呼ぶこともある。

（ち）

■地域通貨

お互いに助け合い、支え合う人々のサービスや行為を、地域やグループ独自の紙券や点数などに置き換え、これを「通貨」としてサービスやモノと交換し、循環させるシステムのこと。円などの国民通貨とは異なり、地域コミュニティづくりの役割を果たす新しい通貨として期待されている。

■知価

堺屋太一氏が一九八〇年代半ばに『知価革命』で提唱した概念。現在、「知価革命」が進行し、規格大量生産を実現する仕組みを構築する時代から、多様な知恵を生み出す仕組みを形成する時代へ移行しつつあるという。グローバル・ネットワークの中で、多様な情報（インテリジェンス）を東京に集積させ、東京を媒介として情報交流を盛んにすることで、東京の知的価値を向上させることができる。

（つ）

■つくばエクスプレス

秋葉原～つくば間の五八・三キロメートルを結ぶ東京都、埼玉県、千葉県、茨城県の一都三県にわたる首都圏北東部の都市高速鉄道。新設予定の駅数は二〇で、うち茨城県内には、守谷、伊奈谷和原、萱丸、島名、葛城、つくばの七駅が新設される予定である。

（と）

■東海道貨物支線の貨客併用化

東海道貨物支線は、品川区の東京貨物ターミナルから京浜臨海部を経て、横浜市東戸塚付近で東海道線と合流して小田原に至る貨物線。この貨客併用化は、京浜臨海部活性化の起爆剤として期待されているが、「運輸政策審議会第一八号答申」（二〇〇〇年一月）では、現段階で輸送需要が少ないことから、二〇一五年までに整備を推進すべき路線から外れ、今後整備について検討すべき路線とされた。沿線の地方公共団体が実現を要望しているほか、日本プロジェクト産業協議会（JAPIC）が段階的整備案を提案している。

■東京港における廃棄物埋立処分場と大型船航路の確保

羽田再拡張にあたっては、①滑走路の新設に伴い、東京港第一航路の変更が必要であり、大型コンテナ船などの航行に影響が及ぶおそれがあること、②これに関連して、東京都が計画している廃棄物埋立処分場（新海面処分場）の縮小が必要となり、廃棄物処理能力が低下すること、③新滑走路の建設位置が多摩川の河口に位置し、河川管理上の支障が生じるおそれがあること、などが課題となっている。

■都市型レンタサイクルシステム

都市において、一台の自転車を複数の利用者が共同利用する仕組みのこと。駅前の駐車場などに自転車の貸し出し施設（サイクルポート）を設け、有料・無料で自転車の貸し出しを行い、通勤・通学時の自宅から駅まで向かう人や、駅から勤務先や学校へ向かう人などが時間差で一台の自転車を共有する。近年は、駅前の放置自転車対策として自治体が導入する場合も多い。また、都市内に複数の貸し出し施設を設置し、乗り捨てを容易にすることで利用範囲を拡大する自治体もみられる。

■土地開発公社

公有地の拡大の推進に関する法律に基づき、地方公共団体の要請で土地を先行取得する目的で地方公共団体が設立する団体。取得資金は、地方公共団体の債務保証を受けた金融機関からの借入金で賄っている。土地取得は、将来の道路や公共施設に利用する「公有地先行取得」と、工業団地などを造成して民間に分譲する「土地造成事業」に大別される。

■特定の居住用財産の買換え特例

個人の居住用住宅を売却し、新しい住宅を購入する際、新規購入価格が売却住宅の価格を上回り、一定の条件を満たしていれば売却時の譲渡所得は課税されない制度。本制度によって住宅買い換えが促進され、住み替えによる居住水準の向上や、ライフステージに応じた適切な住宅取得が期待されている。二〇〇一年度の税制改正において本制度の適用期限が三年間延期され、二〇〇三年末までとなった。

■トリアージ

災害発生時には医療機能が制約されることから、傷病者に対して必要かつ最善の治療を行うため、傷病者の緊急度や重症度によって治療や後方搬送の優先順位を決めること。災害発生時に、多数の傷病者をトリアージを実施せずに治療活動を行うと、より緊急度の高い傷病者への治療が遅れることとなる。阪神・淡路大震災では、多くの医療施設が機能不全に陥り有効な医療活動を実施できなかったことから、トリアージの重要性が指摘された。

（は）

■パーク・アンド・サイクルライド

自動車を利用して郊外部から都心部の目的地へ向かう場合に、直接目的地まで自家用車を利用せず、途中の駐車場で自動車を駐車し、そこから自転車に乗り換えて都心部へ向かうシステムのこと。都心部における自動車交通渋滞の緩和策の一環として導入される場合が多い。また、京都市などでは、郊外部からの都市内観光客向けに導入している。

■パーク・アンド・ライド・システム

マイカーの都心部・市街地への乗り入れを公共交通機関との連携により抑制するシステム。自動車利用者は、マイカーを郊外の鉄道駅前駐車場等に停め、電車・バスなどの公共交通機関に乗り換えて都心部や市街地に向かう。自動車交通量の集中による渋滞緩和と環境負荷低減が期待される。欧州諸国では一九七〇年代から普及しており、我が国においても札幌市、仙台市、金沢市、長野市、奈良市などで実施されている。「エコ・パーク・アンド・ライド・システム」は、ガソリン自動車の代わりにエコカーを利用し、より高い環境改善効果の実現を図るもの。

■パブリックインボルブメント（PI：Public Involvement）

公衆を巻き込むことの意。公共政策・事業の推進への住民参加の一手法で、関係者に対して計画当初から情報を提供し、意見をフィードバックして計画内容を改善し、合意形成を進める。従来からの住民参加が、主に事業化段階における近隣住民の参加を指すのに対し、計画策定の当初段階から近隣住民をはじめ広く国民・市民の参加をめざす点に特徴がある。アメリカでは、一九九一年に制定された「陸上総合交通効率化法（ISTEA）」において重要目標として規定され、交通計画における合意形成手法として幅広く用いられている。

（ひ）

■被災者生活再建支援法

一九九八年五月に成立した同法に基づき、都道府県が相互扶助の観点から拠出した三〇〇億円の基金を活用して、自然災害により生活基盤に著しい被害を受けた世帯に対して最大一〇〇万円の被災者生活再建支援金を支払うことが可能となった。なお、被災者生活再建支援金の対象となる経費は、通常の生活に必要な備品の購入経費などの「通常経費」と、転居費用などの「特別経費」の二種類であり、住宅再建費用には活用できない。

（ほ）

■保育所待機児童

保育所への入所を希望しながら実現しない入所待機児童のこと。二〇〇一年度からは、①他に入所可能な保育所があるものの希望の保育所でないため入所待機している者、②保育室や保育ママ、東京都の「認証保育所」など地方単独事業を利用しながら待機している者、を待機児童数から除いて算出している。しかし、この算出については実態に即していないとの批判も多い。二〇〇〇年四月時点で全国の待機児童数は約三万三千人であるが、潜在的な待機児童数は三〇万人ともいわれる。

■防災業務計画

災害対策基本法で策定が義務づけられた法定計画。指定行政機関と指定公共機関が策定する。国の定める防災基本計画を上位計画として、災害予防、災害応急対策、災害復旧・復興等が盛り込まれる。指定公共機関とは独立行政法人、日本銀行、日本赤十字社、日本放送協会その他の公共的機関及び電気、ガス、輸送、通信その他の公益的事業を営む法人であり、各機関の地域組織でも同様に計画策定が義務づけられている。

(み)

■水循環(システム)

地表上の水が太陽熱エネルギーを受けて蒸発し、降雨として再び地表に降り注ぐという水の循環のこと。近年、人類の生活や生産活動が水質と水量に大きな影響を与えており、また、気候変動による異常気象が干ばつや豪雨をもたらすなど、健全な水循環バランスが崩れつつある。日本は年降水量が多く、水に恵まれているが、一人あたり降水量は多くなく、国の関係部局が協力して健全な水循環システムの確立を目指している。

(ゆ)

■ユニバーサルデザイン

製品、建物、環境を、あらゆる立場の人々が利用できるように初めからデザイン(設計)するという概念。ノースカロライナ州立大学のロナルド・メイスが初めて提唱した。似たような概念にバリアフリーがあるが、これは既に存在するバリア(障害)を取り除くことを意味しており、当初からバリアを設けないユニバーサルデザインとは発想が異なる。

(よ)

■横田空域

横田空域は東京西部から新潟県、八ヶ岳付近、伊豆半島に及ぶ一都八県に及んでいる。米軍の許可を得れば民間航空機の飛行も認められるが、羽田から西日本方面に向かう航空機の多くが、横田空域を避けて上空を飛行しているため、羽田を離陸した航空機は東京湾上空で旋回して高度を上げる必要があり、航空燃料や時間のロスを余儀なくされる。また、横田空域以外の空域の過密化により、成田・羽田発着枠の拡大にも影響を及ぼしている。なお、一九九二年に横田空域の一部が我が国に返還されている。

(り)

■リバースモゲージ

保有不動産を担保にして、金融機関や地方公共団体から年金方式の融資を受け、契約者が死亡するなどの契約終了時に不動産を売却もしくは譲渡することで、負債を清算する仕組み。特に、不動産は有しているが現金収入の少ない高齢者が生活資金を確保できる資産活用方法として注目されている。また、住宅融資を受けられない高齢者が、災害で住宅被害を受けた場合に、再建資金を確保する手段としても活用が期待されている。

(ろ)

■RORO船

ROROとは、ロールオン・ロールオフ(Roll On Roll Off)の略。フェリーの車両甲板と同じ構造を持ち、貨物をトラックやトレーラーに搭載したまま、あるいはフォークリフトによって、岸壁と船舶の間を積み卸す水平荷役方式をとる内航船舶。

■六〇年期

近代化過程にある日本の政治・経済・社会においては、六〇年周期の長期波動が確認できる。この長期波動の一サイクルが六〇年期である。詳しくは『2005年日本浮上―長期波動で読む再生のダイナミズム』(公文俊平編著、一九九八年、NTT出版、丸田一―第2章担当、原田昌彦―第5章担当)を参照。

(わ)

■ワンストップサービス

各種の行政手続きの案内、受付、交付などのサービスを一ヵ所あるいは一回の手続で提供すること。輸出入や港湾に係る行政手続きは、通関、出入国管理、検疫、入出港など多岐にわたっており、それぞれ個別に手続きが必要なことから、手続きが煩雑で長時間を要することやコスト上昇を招くことが問題となっている。このため、それぞれの手続きのオンライン化が進められてきたが、さらにこれを進めて、各種手続きが画面上の一回の操作でできる「シングルウインドウ・システム」の構築が進められている。

（A）

■ATM
(Asynchronous Transfer Mode)

非同期転送モードの意。データ、音声、画像等の情報をATMセルと呼ばれる五三バイトの固定長データ列に分割して送信する。ATMセルは、一般にWANで使われるパケットよりずっと短く、また固定長（一定）であるため、音声の途切れや動画の乱れなどのない品質の高い通信を一回線網で行うことができる。しかし、価格的に個人や小規模事業者が気軽に利用できるサービスではなく、セル分割のオーバーヘッドが大きいため高速化に関してもすでに限界に達している。

（E）

■ETC
(Electronic Toll Collection System)

ノンストップ自動料金支払いシステム。有料道路の料金所ゲートに設置したアンテナと、車両に装着した車載器との間で無線通信を用いて自動的に料金の支払いを行い、料金所をノンストップで通行することができる。メリットとして、利用者はクレジットカードなどによる後払い方式によりキャッシュレスで支払いができること、ノンストップで料金所を通過するため、料金所を起点とした渋滞が緩和されることなどがある。一般公募の結果、愛称が「イーテック」に決定した。

（I）

■IX
(Internet eXchange)

複数のインターネットサービスプロバイダや学術ネットワークを相互に接続するインターネット上の相互接続ポイント。これにより、回線コストを抑え、無駄なトラフィック中継を減らすことができる。

■IP-VPN
(Internet Protocol-Virtual Private Network)

通信事業者の閉域IPネットワーク網を通信経路として用いるVPN（私設仮想回線）。複数のプロバイダのネットワークを経由する必要があるインターネットを用いないため、エンド・トゥ・エンドで機密性や通信品質に優れたIP接続を行うことができる。離れた地拠点を結ぶ企業内通信ソリューションとして、広域LANとともに注目されている。

（L）

■LAN
(Local Area Network)

企業内ネットワークなど比較的限られたエリア内のコンピュータ・ネットワーク。通信制御方式によってEthernet、FDDI、Token Ringなどいくつかの種類があるが、最も普及しているのはEthernet規格である。

（M）

■MAN
(Metropolitan Area Network)

都市レベルの広域エリアを対象としたネットワーク。アメリカでは、広域LAN（二〇〇二年三月現在はギガビットイーサが主流）によるMANサービスを提供するベンチャーが多数存在し、日本においてもイーサネットを基盤とするMANサービスの提供が相次いでいる。

（P）

■PCB
(Polychlorinated Biphenyl／ポリ塩化ビフェニル)

不燃性で安定性・絶縁性・電気的特性等に優れた素材。火災の危険の高い場所（発電所・車両・船舶・鉱山・地下設備など）におけるトランスやコンデンサなどの燃えない絶縁油や、各種化学工業や食品工業の加熱・冷却工程の熱媒体として使われている。しかし、極めて強い毒性があり、かつ脂肪に溶けやすい性質を持つことから、慢性的な摂取により体内に徐々に蓄積し、様々な中毒症状を起こすことが報告されている。

（R）

■RDF
(Refuse Derived Fuel)

可燃ごみ（生ごみなどを含む）の約五〇％を占める水分を蒸発させ、圧縮成形した固形燃料のこと。単位重量あたりの発熱量は、一キログラムあたり三〇〇〇〜四〇〇〇キロカロリーと石炭の約七割に相当するほど高い。また、高温で安定した燃焼が可能であることから、ダイオキシン類対策に有効といわれる。さらに、乾燥・減容化されていることから、悪臭の発生や腐敗の心配がなく、輸送や貯蔵がしやすいなどの特徴がある。

■RPT

(Resilient Packet Transport)

障害回復機能を持つトランスポートプロトコル。障害発生時やノードの新規追加の際に、経路を五〇ミリ秒以内に回復できる。

(W)

■WDM

(Wavelength Division Multiplexin)

波長分割多重方式の意。一本の光ファイバで波長が異なる複数の光信号を伝送する技術。波長の異なる光ビームは互いに干渉しないという性質を利用したもので、この技術により、光ファイバの情報伝送量を飛躍的に増大させることができる。

■執筆者一覧

泉　裕喜【主任研究員】
オハイオ州立大学ランドスケープアーキテクチャー修士課程修了、技術士(建設部門)
●第二章Layer-07
●第三章Project11 担当

宇於崎 美佐子【研究員】
東京電機大学大学院理工学研究科建設工学専攻修士課程修了、一級建築士
●第二章Layer-11
●第三章Project17 担当

大塚　敬【主任研究員】
早稲田大学大学院理工学研究科建設工学専攻建築学専門分野修士課程修了、一級建築士
●第二章Layer-05／09
●第三章Project08／14 担当

瀬川 祥子【研究員】
東京大学大学院工学系研究科都市工学専攻修了
●第三章Project16担当

関　恵子【研究員】
筑波大学大学院社会工学研究科都市地域計画学修了
●第三章Project03／04 担当

高橋 明子【研究員】
慶應義塾大学文学部社会学専攻卒業、(財)ハイパーネットワーク社会研究所出向
●第二章Layer-01
●第三章Project01 担当

中井 浩司【研究員】
東京大学大学院工学系研究科都市工学専攻修了
●第二章Layer-06
●第三章Project09／10 担当

原田 昌彦【主任研究員】
東京大学教養学部教養学科(人文地理学)卒業
●第二章Layer-02／03／04
●第三章Project02／05／06／07 担当

藤枝　聡【研究員】
米国シラキュース大学マックスウェル行政大学院修士課程修了
●第三章Project12 担当

藤本 祐司【主任研究員】
米国ミシガン州立大学大学院コミュニケーション学科修士課程修了
●第二章Layer-08
●第三章Project13／18 担当

丸田　一【主任研究員】
早稲田大学理工学部建築学科卒業、国際大学グローバル・コミュニケーション・センター助教授(併任)、一級建築士
●第一章
●第二章Layer-12
●第三章Project18 担当

山本 秀一【研究員】
早稲田大学大学院理工学研究科建設工学専攻建築学専門分野修士課程修了
●第二章Layer-10
●第三章Project15 担当

株式会社 UFJ総合研究所

2002年4月に、三和総合研究所と東海総合研究所とが合併して誕生した総合シンクタンク。調査部門、受託研究、コンサルティング部門等を擁し、約600名の研究員等が東京・名古屋・大阪のメガロポリスを拠点にイノベイティブでインフルエンシャルな活動を展開している。

国土・地域政策部

「国土」「地域」をドメインとして、横断的・総合的な視点から調査研究を実施するとともに有効な問題解決策を提案する。政府・地方自治体の政策立案や経営コンサルティングを初め、社会資本整備、交通・物流、情報化、環境、産業・観光など幅広い分野の受託調査研究に数多くの実績がある。

●ブックデザイン
三枝 英徳 / 西森 千代子 [株式会社 プレゼンツ]
●制作協力
千葉　毅 / 山内　誠 / 池下 真理 / 川口 光一 / 門井 享子

再考！都市再生
UFJ総研が提案する都市再生

2002年5月20日　第1版第1刷発行

編著者	株式会社 UFJ総合研究所 国土・地域政策部
発行人	前田昌宏
発行所	株式会社 UFJ総合研究所
発売所	有限会社 風土社 〒101-0064 東京都千代田区猿楽町1-2-3　錦華堂ビル2F 風土社・注文センター TEL 03-5392-3604 FAX 03-5392-3008
印刷・製本	株式会 社カントー

定価はカバーに表示してあります。
落丁・乱丁本はお取り替え致します。

ISBN4-938894-60-2 C0036